衣櫥醫生,

帶你走入對的人生

衣櫥醫生 賴庭荷

從衣櫥中，
看見眞正的自己

廖文君

　　每一次看到衣櫥醫生，我總會看見一幅淡淡的、帶著柔和花香味的畫面出現在她四周，是那種有著細膩、精緻且不浮誇的美感，也總是可以從她的專業中，看見更多的力量。

　　每一個衣櫥，都有一個故事。

　　而衣櫥醫生的診療，是從衣物混亂、已然生病的狀態來療「心」，並走入個人形象的建議來療「身」，邁向生命整體的社會價值來療「育」。本書中每一個環節，都是從診療、走向自我保健及滋養生命的過程，就像是《黃帝內經》內提及的醫者，從醫病到醫人，走向醫國，環環相扣。也如同衣櫥內的每一件衣服，當中的每一個鈕扣、一針一線，都同樣重要。

　　她獨創的科學數據分析，可以窺見那些容易被人忽略的細節，讓形象穿搭不再是模糊的主觀遊戲，藉由衣櫥醫生客觀的診療剖析，讓每一個人來發現屬於自己的美麗。

　　我與衣櫥醫生在「整理」這件事情上，有著非常多共通點。我們的想法相似，卻又不重疊；一樣是從整理走到人生，卻是在不

同的位置上，訴說著同樣的美好。我在衣櫥醫生身上看到許許多多的努力，淡淡地收在她醫生的外袍下，就像是白色的羽翼，溫柔守護著每一個在她身邊的人事物。

眞正的整理，藉由衣櫥醫生的專業，成爲了一場從身、心與思維教育交織而成的療癒手術。

她所開發的「角色風格三原型」，正是從更大的視野中，去協助每一個人看見不同面向的自己。像是一面清晰的鏡子，找出每一個人的比例，找到平衡且舒適的位置，並從中讓每一個人的獨特性最大化。衣櫥醫生建議的美學穿搭、顏色風格，就像拼圖一樣。她用深厚的經驗，在本書內引導著閱讀者可以藉由這個「對的人生」地圖，在每一個時尙配件裡，讓物品支持自己。

更重要的是，能夠找回與自己身體的連結，並愛上自己的身體。每一個人獨特的身形、五官、髮型都不同，但可惜的是，現在集體意識上單一的審美標準，讓大部分人只想走向同一種樣貌。

讓我們想像一下大自然的森林裡，充滿了不同樣貌的葉片、花朵與植物，而在森林的另一頭，則是由人工修剪出整齊劃一的樹叢、單一品項的花朵。我想請問，你覺得在哪裡會感覺到眞正的放鬆？相信大部分人都會選擇自然多元的原始森林，那麼爲什麼人類卻會想統一化每個人的形象與審美標準？

衣櫥醫生的這本新書，正是要引導大家看見自己獨特多元的美。那些不同的身形，那些在被制約的審美標準以外的不同樣貌，才是真實的定位。因為許許多多的不同，形成了每一個人的獨特性。

當我們可以重新認識自己，就可以解開藏在身體裡的祕密，並讓物品重新支持自己，讓可以展現出自己真實樣貌的衣物、包包、鞋子與配件，重組成專屬於自己的人生樣貌。這樣的美，就像是宇宙裡獨特的星星，閃耀著屬於唯一的光芒。

衣櫥裡面的魔法，正是從你願意看見自己時開始發生。當我們能夠理解個人的美，就可以精準的購買物品，生活中的每一次消費，都是愛自己、愛地球的行為表現。讓自己變美，也讓地球變美，從內而外，從自己的衣櫥到整個自然環境，都可以支持自己。這就是「對的風格」，而生活也會走向「對的人生」。

這本書，就像是衣櫥醫生為美好人生所撰寫的藏寶圖。你可以看到真實的案例，也會有守護天使的提醒，讓我們一起從這個充滿許多新選擇的衣櫥空間開始吧！

（本文作者為人生整理教練，著有《真正的整理，不是丟東西》）

找到自己眞正喜歡的樣子，
從根源解決快時尙資源浪費　　楊宗翰

　　剛認識庭荷的時候，她剛從澳洲回來，還是個懵懵懂懂卻充滿傻勁的大學生，正在思索著接下來的人生該往哪走。她很想推廣環境友善的生活，卻不太清楚自己到底能做些什麼。

　　不久之後，這女孩背著大背包隻身一人搭便車前往台北，在背包客棧裡面打工換宿，然後還在門口成立了一個免費商店。

　　「用得到就拿過來，用不到就帶走。這不是以物易物。」在店門口的三層櫃旁，幾條用麥克筆寫下的遊戲規則，讓人們在拿東西放東西之前，可以稍微理解一下。

　　對我來說，免費商店是一個給閒置物品重獲新生的機會，我喜歡人們帶著各式各樣神奇的東西，來到免費商店分享，也喜歡看人們在免費商店發現需要的東西時，臉上那開心驚喜的表情。

　　而在舉辦免費商店的同時，庭荷也漸漸發現自己的特質。免費商店裡衣服的比例實在是太高了，她收到大量品質很好卻沒有人要的衣服。爲了幫這些沒人疼惜的衣物找到好歸宿，她開始幫免費商店裡來自四面八方的衣物們重新做搭配，原本一般人駕馭不

了的紫色內搭褲，被她搭上了帽子、圍巾和鞋子以後，那些原本都是別人不要的衣物，竟瞬間變得非常吸引人，感覺一開始就該被這麼搭配成套。

庭荷對著來逛免費商店的女生們，分享一件又一件待領養的衣服，協助她們分析這些衣服該如何搭配。當人們開心地收下那些免費衣物時，庭荷微笑的眼神中閃爍清晰的光芒，她很確定，女孩們把衣服帶走後，已經知道該如何使用那些衣服，也就不會再被閒置了。

之後，庭荷開始學習如何整理、收納，到客戶家中打掃、刷馬桶，她上了好多好多的整理課程，服務許多許多客戶，然後不知不覺地，她真的成為衣櫥醫生，開始協助人們去面對一個又一個空間爆滿、卻永遠不夠用的衣櫥。

「我覺得啊，教人們穿搭，也許是一個可以解決快時尚資源浪費的好方法。」

記得庭荷第一次跟我提這件事情的時候，我疑惑地看著她，將頭歪了三十度角，完全聽不懂她在說什麼。畢竟，我是一個完全跟時尚絕緣的人，我身上所穿的一切，幾乎都是從免費商店來的，衣服來自台北「免廢市集」，褲子來自克羅埃西亞的免費商店，鞋子則是從阿爾巴尼亞的背包客棧撿來的。對我來說，衣服就只是很功能性的保暖跟舒適，有什麼我就穿什麼。

但其實，庭荷眞的看到了我一直以來都看不見、也處理不了的問題。

多數台灣人根本不缺衣服，但大多數人仍覺得自己的衣櫥裡，永遠少了那麼一件，說實在的，免費商店也許可以減少一些人對於新衣服的消費，但就算可以從免費商店裡找到各式各樣的衣服，也解決不了現代人覺得衣服永遠不夠的心理層面問題。

許多衣服被浪費的眞正原因是，大部分人並不清楚眞正喜歡的自己，到底會是什麼模樣。爲了要成爲一個滿意的自己，許多人花了許多錢，購買各式各樣的衣物，希望能夠成爲想像中的樣子，卻仍不滿意，而他們想到的解方，就是再買更多的衣服。

整理、收納當然重要，不過庭荷現在將重點放在解決更源頭的問題，也就是如何帶著她的客戶認識自己、了解自己，找到自己眞正喜歡的樣子，然後捨棄那些其實並不適合自己的衣服。

這樣一來，衣服變少了，整理跟收納當然也就容易多了；在此同時，人們也比較不會再因爲苦惱不知道要穿什麼，而盲目消費，或是胡亂添購新衣。

雖然庭荷早已從免費商店畢業，但如今成爲衣櫥醫生的她，卻用另外一種方式，避免人們買下更多原本會被浪費的衣服，持續走在心中那條友善環境的道路上。

（本文作者著有《空屋筆記：免費的自由》）

推薦序
那些衣服真的適合我嗎？
這本書就是解答

張忘形

　　會認識衣櫥醫生，是因為上課的緣分。當時她受邀參加多場活動和講座，而她分享的內容本來就很棒，但仍希望自己能向上提升，所以走進我們教室。

　　跟她聊天的當下，我對於衣櫥醫生真是滿頭問號，衣服不就是買來穿的，那為什麼不是直接教穿搭，而是要用醫師的角度來診斷呢？

　　後來才知道，她教的不是單純的穿搭，而是對於生活的一種態度。記得當時和她一起討論 TED-X 講題時，她提到一個概念，那就是「精準購買代替盲目消費」。是啊，如果大家都知道自己要穿什麼，那麼廠商就會生產不同的風格和搭配，而不是製造流行，也不會讓許多人買回去之後發現不適合自己，不但浪費製造衣服的資源，更浪費了家中空間。

　　在那個當下，我才發現自己的認知很膚淺。雖然她是一個愛衣服的人，但又希望在環保上做點事。所以她一直思考的是，能不能夠把這兩件事結合在一起，讓每個人都能穿到適合的衣服，又

能讓環境變得更好呢？所以她決定走進每個人家中，看看大家的衣櫥，找到衣服背後的故事。

　　也因為這次的機緣，我跟她預約了一次諮詢和衣服陪購服務。有趣的是，在接受服務之前，身為客戶的我還有許多作業要交，包含拍自己現在的穿搭風格，還有從網路上找出自己喜歡的風格，把圖照寄給她等等。

　　在開始之前，我本以為這整個過程會像是宅男大改造，沒想到她先從頭到尾分析我的身形、臉形、角色原型、髮型和眼鏡等配件的運用等等。我才發現，她對我的了解，居然比我對自己的了解還要深。

　　她還跟我分享，其實對外在的了解與分析，就能夠預測一個人平常跟人互動的方式。像是有些人容易被問路，有些人則常被誤認在生氣等等。這就是她的專業了，在本書的第三章分析身形，以及第六章找出你的角色風格三原型，都有深入的說明。

　　接著她提到顏色，每一種顏色背後其實都有其代表的意識，除了搭配之外，也影響對方看見你的感受。這時你在身上的冷色和暖色搭配就很重要了。當時我想塑造我的專業感，卻穿了很多暖色在身上，反而讓我變得過分親切，雖然不能說不好，但這並不是我希望呈現在學員面前的感覺。

　　有趣的是，當這件事被她點出來之後，我才忽然意識到自己本

來就是一個親切的人沒有錯，但其實又希望大家可以看見我的專業，這樣的矛盾好像不斷發生在我身上，於是我才覺得衣服很難穿。明明穿正式裝束，但就是想穿上球鞋，或是明明穿西裝，但就不想穿襯衫。

所以當時她幫我挑了一件牛仔布料的西裝外套，讓我休閒與正裝的需求一次滿足，既能夠維持我想要的自在感，又能夠告訴大家我今天是帶著專業的東西來分享，而這件外套也成為我常穿去講課的戰袍之一。

最後，說說我和她一起討論時的體悟，也請大家想想，你平常是怎麼買衣服的呢？我平常在買衣服的時候，通常都是看著上面的模特兒，想像自己穿的模樣。但往往事與願違，我的顏值沒模特兒高，但體脂卻比模特兒多。這樣說來，那些DM上的衣服真的適合我嗎？

當時的我沒有答案，只能盲目嘗試。但這本書就是解答，這並不是給你套上別人的穿搭，而是改變你對自己的認識、對穿衣服的觀念，再從你的身形，臉蛋，與想要營造的模樣來打造你的模樣。而當你理解你的穿衣模式時，你買的每一件衣服就都是適合自己的，衣櫃自然就不會爆炸了。

只是雖然身為推薦人，還是要抱不平一下。看到這本書的時候，我其實有點難過，因為如果你是男生，這本書還是沒有給男

生的完整答案啊！

　　不過如果你有女性好友或是另一半，十分歡迎一起認真研究這本書，相信能夠提升選衣服的精準眼光，當你陪她逛街時，就不會說出「隨便」「好像都可以」「看起來都一樣」這種話。當你能言之有物的給對方想法時，還能幫助你們感情加溫呢。

　　無論你為什麼翻開這本書，就讓衣櫥醫生帶你找到更適合自己的人生吧！

（本文作者為溝通表達培訓師）

我是衣櫥醫生，
衣櫥是我的導師

我們遇上的許多問題，大都是人與自己的問題，很多人認為，看到問題就要馬上讓它消失，但我認為，問題應該不只是通往消失，而必須先經歷「停頓」和「反省」。如果解決問題沒有包含這兩個步驟，事情還是會一再發生，重蹈覆轍。

我曾聽過一個說法，人往往不願意改變，但這些不願改變的就是人生的課題，需要透過「學習」來完成此生的任務。沒有面對，課題就會一直反覆出現。

而我人生課題的執著和學習，就在衣櫥、就在這些衣服上。

現在，我不會再責怪自己為什麼生活會亂到無法控制，問題出現時，就是該檢視和對話的提醒，每個選擇都是當下的化身，也是你的分身，於是我終於發展出「衣服和選擇比人更誠實」這一觀點。

當我跟自己還很陌生的時候，我常常被「應該」綁架。那時候的我最常做的，是在衣櫥前面上架又下架，我先把「最喜歡」的衣服拿出來，再拿出感覺「還好」的，我從「還好」的衣服裡硬

是挑出幾件，想要丟掉，但總是看了看衣服，又再收回衣櫥。

　　一定要丟，讓我壓力好大，後來我發現，乾脆不理會「要丟不丟」，先將喜歡的衣服上架到衣櫥裡，感覺看看——那一瞬間，我覺得超級輕鬆。當我只專注「要留什麼」，我便充滿喜悅和歡迎的情緒。我不再逼自己丟衣服，而是專注在留下衣服，看著鏡子問問自己：「我喜歡這個樣子嗎？滿意嗎？」

　　衣服用美好的樣貌，讓人停留在當下的自我久一點，我發現這是大多數人缺乏的「停頓」和花時間再三「省思」。在這個不動則退、全力發展經濟的世界，人對於「停下來」感到特別害怕且恐懼，焦慮於如果不持續前進，就會被他人超越。我們總是看到別人跑在前面，因而告誡自己要加緊腳步，目光追隨著前面的跑者，所以不自覺的走上跟大家一樣的路。

　　「路只有一條嗎？」這樣的問句，必須停下腳步後，才有可能思考。

　　「斷、捨、離」這句很夯的整理口訣，每個字的讀音都鏗鏘有力，講求簡潔明快。很多人包含我，都選擇立刻投入其中，急於看到某種美好的改變魔法，實際上卻陷入非丟不可的魔咒。不敢享受生命、不敢增加物品進入人生，這其實是完全否定「加」與「留」帶來的成果。取捨的比例如果失衡，無論再怎麼好的整理效果，其實都只是短暫的假象，最終這些人生課題還是會回到你面前。

而「加、停、留」是我在整理衣櫥的過程中，新發展出來的概念，這些字讀音，恰好與斷捨離相反，語尾拉長上揚或平音，唸出來的時候，感覺似乎比正常講話的語速更慢，跟「斷、捨、離」的概念完全背道而馳；但正因為有「加、停、留」，我才再也不陷入迷惘，得以穿出自我風格，不讓衣服帶給我過多干擾。

　衣櫥一直是我的導師，不斷將人生課題放到我眼前。我也想藉這本書，向每一個為衣櫥煩惱的你詢問：「妳面對自己的人生課題了嗎？」

　謝謝每位與我交錯而過的客戶，就像一面面鏡子映照著你和我，那些不捨、不安、陰影、滿足、回憶等，面對衣櫥的種種情緒，我也一個個經歷過，也時常在其中掙扎著。「收納真的不是逃避的藉口，面對才是逃避時的解決方法。」你們與我攤開、揭露、粉碎，經歷這一切感受，或許是出於被動無奈，像是空間不足、搬家，但請肯定做出決定整理的自己，這是非常有勇氣的展現，相信你們一定在過程中對自己有不同的發現。

　最後，我能好好地將這些想說的話傳達出來，真的由衷感謝雅文和發掘衣櫥醫生依靜。

　因為有雅文的傾聽與整理，才得以有這本書的內容，與她談話時，我總想起那天一起在礁溪看的山景、梅花、溫泉，交織而成富麗溫暖的景象，還有無數個在星夜環繞下走過的街景。也因為

依靜的慧眼，她毫不猶豫相信我、傾聽我的需求，讓我踏上出書之路，幫助還不夠成熟的我把真心想說的話，無論是書的內容，或是最近周遭發生的事，勇敢地講出來。

謝謝我的責任編輯孟君，妳為了更了解衣櫥醫生，親自體驗一趟我如何在衣櫥前的修練，還一起提出整理魔法陣的概念，我非常喜歡。後來的我很忙碌，謝謝妳不斷提醒我回到文本，好好地把該說的話一一修正整理，呈現在大家面前。

謝謝願意推薦這本書的大家，我很慶幸自己勇敢了，才跟你們相聚。勇敢踏出新的一步雖累，也可能失敗，但不一定是壞事！以後要多對自己說。

謝謝若慈，我親愛的伴侶、家人、朋友。我太容易批判自己、否定自己，不敢說出自己的想法，但妳總能讓我覺得「可以這樣做看看」！於是我硬著頭皮，接受很多挑戰。

最後，也謝謝買這本書的你，當你真實地感受到衣服環繞周身、成為你的夥伴，真正開始與衣服對話，一定會發生不可思議的變化。享受這過程吧！祝福你，找自己愉快。

第五章
找風格──
遇見真正的自己 155

第六章
三分鐘找出適合你的穿搭風格──
角色風格三原型自我檢測 183

第三部
衣櫥

第一部

改變，從心開始

第一章

懂留白，
體驗真正的充盈

留下什麼，
決定你成爲什麼樣的人

　　你是否曾經想過，你身上穿的、衣櫥掛的這些衣服，爲什麼會來到我們身邊？

　　剛成立衣櫥醫生臉書專頁時，我看著自己的衣櫥，心想，明明留下的都是自己喜歡的衣服，爲什麼還是沒有滿足感？而且我最常做的動作，是將衣櫥所有衣服拿下來，再放回去，反覆做了好多次，一邊想著，爲什麼衣服都這麼新、這麼好看，還是會覺得不夠穿，甚至多到讓人困擾。

　　這件事困擾我半年之久，最後，我用自己的方法，把非有不可的衣服掛回去，結果衣櫥裡只留下幾件我眞正會穿的衣服，這讓我感到非常舒服。

　　看著剩下的衣服，我開始思考，當初它們來到我身邊的目的是什麼？

　　我發現，許多衣服在買的當下，雖然都很喜歡，卻不一定會想再穿一次。

᠁ 衣服的現在、過去與未來

我有一件色調溫暖的森林系風格毛衣，是在二手服飾店隨意買下的。回想當時的我因為跟前任鬧得不愉快，心情很差，只憑直覺選了這件衣服，覺得喜歡就買了；買下這件衣服後，我原本陰鬱的心情也真的跟著變好。然而，在傷心的情緒過去之後，這些美麗的東西只是因為一時衝動、想療癒自己才買下的，我其實根本不會再穿。

說也奇怪，這些衝動之下買回來的衣服，因為心裡想著一定要記得穿，甚至強迫自己穿，不然就浪費了，以這般心情穿上後，到最後還是會知道其實並不適合自己。

於是我明白這件衣服來到我身邊的目的，是為了讓我心情變好；對過去的我而言，這件衣服的目的已經達成，我在當時就得到了滿足。

仔細審視後，我發現，這件衣服並不會讓現在及未來的我變得更好；意識到這件衣服的任務已經完成，於是我請那些看似美好卻不再適合的衣服，離開我的衣櫥。

「謝謝妳們，妳們真的很美，卻不再讓我心動了……」找到問題根源，妥善捨棄之後，我心裡著實輕鬆不少。

我領悟到每一件衣服有其階段性任務。我將以上思考過程寫下來，透過進一步深究捨棄不掉這件衣服的原因，並且把過去和未來也一併納入思考。

我感到自己的視野變得更開闊了，也由此得出「思考階段性任務整理法」：對於丟棄不了的衣服，要將時間軸拉開，分成過去、現在與未來，並且問自己三個問題：

> ・過去為什麼會擁有它？
> ・對現在的自己而言需要嗎？
> ・這件衣服是否是未來自己想成為的樣子？

身邊的這些衣服，的確是當時的自己很無悔的抉擇，明白它們對於現在的自己已經不再適合了，是很重要的一件事。

猶記當時的我正想開創一番新事業，希望呈現出專業感，但這件森林系風格的衣服太休閒可愛，沒有辦法帶領我到想去的未來。當你用比較開闊的格局去思考，就會比較心甘情願地放下。

捨棄的重點不是丟，而是留

其實現在回想起來，我丟這件衣服，並沒有後悔的感覺，因為這件衣服對我的意義在於，讓我開始思考自己到底想留下什麼。世上誘惑實在太多，當你不夠清楚自己的需求，就很容易動搖，什麼都想要。

很多時候人生一出現空白，我們就急著填滿空缺，無論面對感情或工作，都是一樣的反應，就如同塞滿衣服的衣櫥，擁有越多

反而讓人越不懂珍惜，生活更形混亂。

　　這就是爲什麼我認爲留白很重要，因爲意識到「空」，才會產生行動，迎接新的自己。當時的我留白了，才知道我需要的是一件簡約俐落的西裝外套，而非森林系的浪漫洋裝。該做出什麼樣的選擇，取決於你如何透徹地體察自己的需要。

　　直到現在協助客戶檢視衣櫥時，我也是這樣鼓勵客戶：「別害怕自己的衣櫥空，意識到空，才會重新省思自己的需求，進而找出適合自己的衣物。你要清空，新的東西才會進來。」

　　注重把衣服邀請回家的儀式，遵循內心的聲音，要和衣服產生共振。

　　衣服，從來就不是干擾，也不是附屬於你；當然，你也不該附屬於衣物，互相附屬的關係，無論發生在物品或是人的身上，都是不健康的。

　　在整理的過程當中，會釐清自己過往人生的種種過程，你的衣服會靜靜地告訴你答案。

真心邀請衣服進入你的衣櫥

　　對我來說，衣服比較像夥伴，所以我很重視邀請衣服進來家裡的儀式和過程。

　　出於自我意願、進而邀請回家的衣服，通常會與自己有種「match」（合拍）的感覺，像是相處融洽的合作夥伴一樣，一

拍即合，未來彼此在生活中也會高頻率地接觸與共處。

也就是說，像這樣出於自己的意願，沒有任何外力影響下做出的抉擇，單純被吸引而買下的衣服，就是自己真正需要的。

那麼，什麼樣的衣服又會與你「非自願的相處」呢？比如免費拿到、親友半強迫收到，或是帶有誘因的購入，像是限時折扣、買一送一、團購湊數、滿千免運等，這些都被我歸類為「非自願相處的衣服」。這也是我觀察到客戶要捨棄的衣服類型當中，占最多數的。

非自願相處的衣服會從其他地方產生干擾波，像是猶豫的情緒、狂喜的情緒，你並不是因為看到衣服本身產生喜悅的共振，而是被價格或便宜的影響產生的狂喜。這些非自願接收的衣服好幾次都成為角落的常客，或被客戶視為雞肋一般要丟不丟的存在，這就是被衣服牽著走、附屬於衣物的不健康關係。

「親愛的，妳很美，但妳不再適合我了……」當我將自己的衣服拿出來，重新審視，看到很多不捨的情緒，以及不舒適的感受。我一邊讚嘆自己眼光真不錯，卻無法真心地為他們感到雀躍。

好看的衣服穿在身上不好看，也是枉然。嘗試再多次也是一樣。同時憶起一段已逝去感情中也有非常美好的回憶，但真實的穿入其中時卻不開心。

在整理過程中，很多人會說，整理衣櫥就像在整理你的人生。每個人事物來到你身邊，都有其階段性任務。這些任務的時間有

長有短，但不會是永久的。

　　所以我自己在整理時，也會使用思考階段性任務的整理方式。有些衣服就是能陪伴你很久，有些就是會讓你知道其實彼此並不適合，或只是當下買開心的。

　　當衣服完成來到你身邊的任務之後，就是說再見的時候。

　　一旦啟動思考階段性任務的整理法，思考的時間軸就能從現在延伸到過去與未來，不會只侷限在眼前的格局跨出不去，能讓視野變得寬闊。神奇的是，每每使用這方法時，客人都會因為思緒更加清晰，而願意捨棄那些看起來很美好，卻不會再穿的衣物。

　　對過去的存在感恩、對現在許下期許、對未來懷抱期待，這也是在整理衣服的過程中能得到的體悟。

滿足，
從掌握消費習慣開始

很多人會覺得自己買不起好東西，總是省小錢、花小錢，但如果你認真檢視自己的消費習慣，你真的負擔不起嗎？

許多人的消費習慣是看到便宜東西就不停買，尤其網拍，花起錢來一點也不心痛；平時看到路邊一件兩百多塊的衣服，就順手買了幾件回家；耳環好看，也買了幾副帶走。但幾次下來就會發現，累積的金額也要四、五千塊，甚至上萬，這些看似便宜的小東西加總起來，花費驚人。而這筆錢根本足以負擔一件對你而言有些貴、但可以穿很久的好衣服。對自己的消費習慣沒有掌握度，錢包就會像一直漏水的水龍頭，錢都不曉得流到哪兒去。

生活裡的小額犒賞，可能賠掉生活品質

省小錢的缺點在於，心理上以為自己省錢，一不小心購買更多，也因為價格的考量，會委屈自己買不是最喜歡的東西，而是相對便宜、第二喜歡的物品。然而這樣一來，心理的需求沒被滿足，到了一個間歇期時，便會覺得要犒賞自己，於是開始買東買

西，然後過一陣子，甚至會忘了自己買過這些，就統統塞進衣櫃裡，再加上品質不夠好的衣服，穿沒幾次就有瑕疵，買東西的頻率反而變高。

如此整體檢視一番，省小錢真的是節儉嗎？

有這樣消費習慣的人，如果開始記帳，會驚訝地發現有太多不必要的花費，自己其實是有能力負擔好一點的東西的。

你有沒有這種感覺，覺得平常明明很省，到月底卻老是沒錢？或是突然遇到一筆高額支出，就覺得捉襟見肘。究竟現在的你是享受現況，還是將就現況？是以價格來衡量物品，還是以你的喜愛程度來衡量物品？

⌂ 正確消費是對地球友善的行為

說來慚愧，我成為衣櫥醫生的初衷，也是因為太愛買衣服。

我母親是慈濟的師姐，所以我從小就接觸環境議題，不能浪費的觀念生根在心底，還會跑到二手市集，在一大堆衣服中搭配出很多好看的衣服。

但隨著時間過去，我發現想丟衣服的人，遠多於想買衣服的人，因為快時尚風潮，消費太方便也太快速，人人都可用低廉價格買到當季流行款式，但穿不久就丟了，也不懂珍惜，更不在乎衣服質料。所以我開始思考，自己能為環境做些什麼？

於是我結合整理與穿搭，開啟衣櫥醫生這項服務，藉由整理不

同人的衣櫥，讓他們真正認識自我，以及自己的需要，找出適合他們的穿搭，達到精準消費的目標。

我們都知道快時尚對地球的消耗，我創立衣櫥醫生想傳達的理念，不是完全節制消費，而是趨緩快時尚。

畢竟快時尚是因應人性而生，所以我們該學習的是如何跟快時尚和平共處；不是反對消費，而是要買得精準，選到適合自己的衣服，然後好好珍惜。

我也想起創立衣櫥醫生品牌的初衷之一，源自一支快時尚潮流檢討影片。快時尚帶來的環境破壞畫面，震撼人心，影片引發網路高點閱率和分享廣傳，大家跟著熱切地討論有何解方，也讓我開始反思。

大家提出的方法大致有三種：不買衣服、抵制廠商、做好回收。抵制廠商、做好回收，這兩件事乍看沒有問題，但問題是，回收的衣服會到哪裡去呢？以台灣衣服回收為例，近年來不斷貼錢給世界各國處理，舊衣甚至漸漸賣不出去，也有政府單位提出「不要的衣服與垃圾一起隨袋徵收」的政策。而想從生產端來抵制廠商，廠商的名字一換再換，我發現善忘的人們仍會在不經意中助長生產者。

看來只剩「不買衣服」的選項了吧？我有個朋友曾經執行三個月不買衣服，並且每天認真記錄自己的穿著，但後來發現，要一個仍在探索自我階段的大學生不買衣服，是很難做到的。我也認為這複雜的問題不是簡單一句「不買衣服」就可以解決，要全世

界的人都做得到，就需要一個人人都能參與的環保行動。於是我提出口號：「以精準消費代替盲目購買。」

　　精準並不是盲目限制，而是根據我實際踏查許多人的住家生活空間之後，發現的兩個人類原始渴求——希望給人的第一印象良好，以及擁有舒適整齊的環境，因而發展出來的環保理論。

回歸消費者本身，才能真正做到消費精準化。

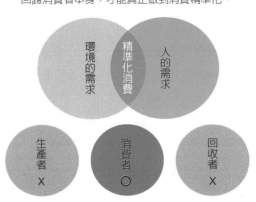

衣服產業鏈。

　　透過學習「穿搭」，就可以明確掌握傳遞給人的第一印象；透過學習「整理」，除了將物品收納整齊之外，也可以藉此明確掌握自己能夠使用的資源，不做重複和多餘的購買。

　　當我們足夠了解自己，就不會胡亂購物，也不會重複購買同樣類型的衣物，因此檢視自己的消費行為，是很重要的工作，要知道自己到底平時的消費習慣是什麼，才能規劃，買東西不再綁手綁腳，也能夠買得起自己真正喜歡的東西。

珍惜物品，
也不忘珍惜自己

　　我有一件很喜歡的綠色洋裝，穿了兩年，背後的拉鍊因為使用頻繁，破了個洞。最後我決定縫補，而非丟掉它。

　　其實我是一個覺得縫衣服很麻煩的人，但當我在縫洋裝時就一邊思考，為什麼我會願意為了這件衣服做自己覺得麻煩的事？

⬠ 用心對待物品，讓你閃閃發亮

　　這件綠洋裝，是我在一位服裝造型師的店裡買的。當時我一試穿，就覺得這件衣服非常好看，天底下似乎沒有任何一件裙子可以打敗它。洋裝是太空棉的材質，料子很挺，我整個人看起來精神奕奕，像是穿上一身綠色鎧甲，讓我閃閃發亮。

　　我出席許多重要場合都會穿上綠洋裝，像是接受採訪、到客戶家工作……直到現在，我面對鏡頭還是會感到有些害怕，但穿上這件洋裝，就好像可以駕馭任何我覺得很難面對的場合。

　　當你用心對待一項物品時，它就會環繞你的周身，形成一個讓我們閃閃發亮的小宇宙。

🪝 重新思考「珍惜」

在縫好洋裝之後，我很明確的感受到珍惜是一種互利共生的關係。

我會珍惜這件綠洋裝，是因為我知道它可以讓我變得更好，所以我也同樣會去維持這個好的狀態。像我會用手洗綠洋裝，因此衣服不太生痕，就算破損，再麻煩我也願意動手修，這就是珍惜。

我遇過很多追著物品跑、對物執著的人，卻忘了「自己」才是最重要的。

有人會以為「珍惜」是什麼都留下，什麼也不丟。但如果只是一味地、感情用事地珍惜，每一樣東西都捨不得丟，其實是一種濫情。

喜歡是有限度的，只有正視自己真正喜歡的事物，用心於此，才算是珍惜。「重點不是丟東西，而是留下的東西，能不能帶你去想要的未來。」最終還是要回到你自己。

🪝 只看見物品，沒有看見孩子的需要

某一次講座結束後，有位媽媽向我反應，覺得我們很浪費，一直倡導整理很棒、丟東西很棒，她覺得這些丟東西的人，根本無法稱作是環保，是資源的浪費。她還告訴我，她第一個小孩的

衣服穿完，就會留給第二個小孩穿，覺得這樣愛物惜物的觀念很好，聽到我們一直推崇整理、要丟東西，讓她很不開心。

我的看法是，「重點不是丟東西，而是知道自己為什麼丟」。如果只是很情緒性的、不喜歡就丟掉，那的確是沒做好環保或資源的浪費，但如果你知道自己為什麼要丟，那就不同了。

我會把物品升格成老師，無論是對的物品或錯的物品，都會拼湊成自我的一塊。衣服是面真實之鏡，像是錯的物品可以向它學習，明白自己為什麼得丟東西。是不是消費時太過浪費，買了不該買的東西？是不是拿了自己根本用不上的贈品？是不是又把自己不需要的東西帶回家了？知道自己為什麼要丟，才能遏止浪費。如此真正地思考，根治自己的行為，才是對自己也對環境最好的做法。

我覺得珍惜並不是一種單方面的關係，因為這種單向關係其實不太可能成立。問題並不在於珍惜這項物品到底應不應該，而是這種人與物的關係，並不是每一天都有、時時刻刻都會出現。

人到底為什麼會出現珍惜的心情，是因為真心喜歡這項物品，和物品之間有所連結。它可能是你心情不好時，讓你戴上去很有精神的一副耳環，也可能是穿了會讓你明媚動人的一件洋裝，不是每項物品都能帶給你同樣感受。

我有個客戶的媽媽，會將女兒不要的東西做創意變化，改成可以用的東西，比如說原本穿不下的褲子，媽媽就會加兩顆扣子，衣服就又變得穿得下，後來加了扣子還是不喜歡，就改成窗簾或

各種生活上的必需品。

乍看之下很勤儉持家，但其實媽媽已經忽視女兒的個人意願多年，硬湊成一個可以用的東西，女兒可能會因為媽媽縫了好幾個小時，很怕辜負媽媽的心意，而勉強使用這些她不需要、甚至是不喜歡的東西。雖然媽媽的出發點是好意，但其實她只看見這個物品，沒有看到她的女兒。

人與物的連結是很個人的，所有的關係也是如此，是由每個人去定義物品的價值，不能越界。我也會修補物品，但這是因為我自己知道眼前這項物品對我有無可取代的價值，換作別人使用，未必會閃閃發光，是為我所有與喜愛，才有這種力量，而非別人強加賦予。

看不見的長大

《怦然心動的人生整理魔法》作者近藤麻理惠提到丟東西後會產生珍惜的心情，而這種心情，是不會出現在盲目丟東西的人身上的。

這是因為當你有意識地丟東西，你會知道感恩，感受的這些物品帶給你的快樂，明白是這些物品支撐著你走過來；但我們也必須知道，自己隨時在改變，如果能意識到你的當下時時刻刻都在更新，就會理解到物品跟著自己是有期限的。

我最近有個發現，一位客戶分享，她的小孩有一件自己好喜歡

的公主蓬蓬裙，穿了這件裙子就不肯脫下來，洗好之後，還會急著問媽媽，衣服可以穿了嗎？

聽到這裡我不禁想，小女孩長大之後，還會想要這件公主風的裙子嗎？是不是因應自己的內心成熟度，喜好也會改變呢？

小女孩日後長大成熟了，這種由外在成長就能看出的內在變化，還算不難理解。然而，對應到成為大人之後的我們，也必須理解到自己其實一直都在成長，雖然身高長相已經大致定型，但之後的長大是無形的。

當衣服越堆越多，我們不會發現，這些衣服其實是沒辦法再繼續陪我們；我們會漸進式的長大，可能是發生了人生的劇變，可能是職業的轉換，可能是心靈上的改變。回想一下，你幾年前可能很喜歡某個品牌，但現在已經不再這麼喜歡了，像是小時候很珍惜的東西，長大後已經不那麼適合自己。

卡通《玩具總動員》的故事，也是在談長大之後的安迪，隨著心境改變，不再那麼愛玩玩具，那麼我們該如何面對成年後這些漸進式的汰換呢？

現在的長大沒這麼明顯，看不見的長大是無形的，你更需要請教你的衣服老師，透過這些衣服來學習之後，就會產生珍惜的心情。珍惜是因為你理解了，自己不是一個人走過來的，是透過衣服來了解自己，你謹慎地篩選出現在很喜歡的這些衣服，你知道它們會陪著你走向未來的日子。

讓有形的物品，
帶給你無形的支持力量

這幾天，我總算拿起鞋油擦了鞋子，撫摸著鞋面上滿布的皺褶紋理。這是一雙默默支持我的小夥伴，提醒我這一年來因為有她們，在馬路間遲到奔跑不至於受傷，遇到挫敗時仍然支持著我穩住，還有小小的鞋跟總能發出清脆的「咖咖咖」、如跳踢踏舞似的聲音，稍微走得輕快些，還真以為自己在跳小步舞曲。

擦拭保養物品很神奇的一點在於，這不只是表面上的動作，甚至可以說是提醒：「嘿！有人一直默默地支持你喔！」你會發現自己原來能好好走好完這些路，是因為有這些小夥伴。

當你忽然發現，自己一直受到無形的支持，就在皮革乳的一擦一推間，溢散的幸福感油然而生。

所有的物品只要在身邊，都應該是無價的，我覺得不論是哪種物品，價值是你自己給的，而非價格標籤上的數字。你知道自己從此往後不是獨自一人，每個用心對待的物品，都會環繞在你的周身，形成讓你閃閃發亮的小宇宙。

這一點也呼應了衣櫥醫生的座右銘：「留下什麼，決定你成為什麼樣的人。」

第二章

識個性

爲什麼買的衣服穿不出我的味道？

　　每當有人問出這句話的同時，我都會多問一句：「你信任你的衣服嗎？」

　　雖然我身爲衣櫥醫生，能夠客觀的以身形、膚色、五官，以及一些科學的檢測方法，爲客戶精確分析什麼樣的衣服適合對方，但依我實際走訪客戶家中衣櫥的觀察，客戶如果能與衣服之間產生強大的連結度與信任感，那麼無論如何理性的分析，都無法撼動這樣的關係。

　　要能做到這一點，就要先對自己有更深入的認識，並全心信任自己的選擇。

　　你的信任，會讓衣服發光；信任衣服，會帶來更好的自己，你也確實可以因爲這些衣服襯托出科學無法估量的美，展現出最亮眼的一面。

被衣服覆蓋自己
眞正的聲音
——小眞的故事

　　與小眞的第一次對談，就讓我印象深刻。

　　她總說著：「朋友覺得我看起來怎樣怎樣。」「我姊覺得我很適合公主的樣子，但我媽不愛。」「別人說我穿這件衣服很好看。」……

　　在她換氣的刹那，我一個箭步發問：「妳剛剛都在說別人怎麼看妳，那妳自己的想法呢？」

　　「我……」她突然語塞。「其實，我不知道，總覺得他們說得好像滿有道理的。」

　　小眞三十多歲，是在政府機關服務的公務員，身高不高，約莫一四五公分，個性溫暖可愛。但我進一步量測她的五官間距，發現她是偏向大量感的女生（編注：關於大、中、小量感的自我檢測方法，請參考第六章「角色風格三原型」），因此她雖然個頭嬌小，但其實很適合豔麗外放的造型。

△ 你的聲音在哪裡？

「先不管別人怎麼說，真正的妳想要的是什麼樣子呢？」

我工作的第一步，是將客戶所有衣服清出衣櫃。

來到小真的房間，我們將她的衣服翻出來一一檢視。經過她的說明，我發現這小小的衣櫥裡，承載的不只是她個人的選擇，還有表姊的意見、朋友的看法、同事的眼光，他人的說法層層疊疊，讓她的衣物堆得像小山一樣高。

「雖然好幾次想丟，但總會想起別人說過，我穿這件衣服很好看……」

我發現小真是非常溫柔的和平主義者。她總是傾聽旁人的意見，顧及周遭的需求，就算有意見相左，她也不喜與人正面起衝突。她只是一直以來太過重視周遭的聲音，而不小心讓自己的想法不見了。

「妳知道，妳的這些不懂拒絕，是因為妳非常溫柔的緣故？」我提醒她。

「蛤？」小真一臉不可置信，因為她已經習慣自己是個「不懂拒絕的人」。「我還以為這是缺陷，竟然也是我的優點啊……」她瞬間眼裡充滿霧氣。

「**沒錯，妳不用徹頭徹尾地改變自己，只要放大妳原本的聲音就好。**」

⌒ 靜下心來，聽聽心裡的聲音

於是我帶著她，很罕見地不是直接整理與改造，而是做了一分鐘冥想。

我先請她盡情描繪衣櫥想變成的樣子。

整理很多時候是在做選擇，我相信在過程中，一定會有許多過去累積的經驗和他人的聲音干擾，所以用冥想讓她對自己的聲音更熟悉，是調大自身音量的一種實際做法。

「接下來，請妳把自己心裡想要的樣子默想一次。」

小眞閉上眼睛，開始用心思索。

我在一片寂靜中出聲發問：「最後，眞實的妳想要的生活，究竟是什麼模樣？」

她的答案漸漸浮現：「我……應該是想要有女人味，而且帶點性感。也想要所有的物品都能放入櫃子裡。想擁有一個像飯店一樣的家，看起來十分整齊乾淨。」

我觀察小眞的衣櫥與穿搭後發現，她因爲身高不高的關係，所以一直穿童裝，加上家人不希望她穿得太有女人味，但其實這並不是她眞正想要的樣子。

⌒ 從女孩到女人之間的距離

我請小眞睜開雙眼，告訴她：「妳的衣服太『女孩味』了，不

是『女人味』。」她一聽很是驚訝，我接著說：「女人味是強調身體的曲線和布料質感，剪裁上比較俐落；但現在妳身上的衣服有很多公主元素，例如蕾絲、蝴蝶結、荷葉邊等等。」

從女孩到女人乍聽轉變極大，但**改變其實不難，從小細節就能做到**。尤其小真屬於大量感女性，足以撐起豔麗成熟的女人味穿搭風格。

又為了讓她適應這樣的轉變，我也在思索，如何從她原有的衣櫥中，做到有點女人味，又保留一點女孩風格的穿搭改造？

小真身上穿了一件宮廷風水藍色洋裝，圓領上有一條條蕾絲，還有串珠。我把她的領口打開，接著問：「妳覺得領口打開，露出鎖骨，是不是更有女人味了？」

從成堆的衣服中，我先挑出其中較符合她理想形象的單品，上半身是她喜歡的白色毛衣，下半身我則為她保留一點公主元素，搭配一條灰色紗裙，整體看起來俐落又成熟，但又帶了點女孩的純真。

我也教小真如何利用點數原理來改善穿搭，減少衣服上過多可愛的元素，保留一到兩個重點，整體穿搭看起來更簡單俐落，就能讓人感覺她變得更有女人味。

> **在家也能自我改造TIPS**
> **點數原理**
> 將衣服的一個元素算一點，像是花朵、蕾絲、蓬蓬袖等，都是一個元素，再減少衣服上過多的元素，保留一到兩個重點。身上少了過多雷同且重複的元素，整體穿搭看起來就會更簡單俐落。

女孩風 VS. 女人味

從女孩蛻變到女人,乍聽轉變極大,但其實不難。
如示範者將原本的齊瀏海、
長直髮、可愛頭帶、圓眼鏡等女孩風衣飾,
換成俐落短髮、有腰身、露出手腕肌膚的衣服後,
女人味表露無遺。

女孩風

女人味

🪝 在衣櫥裡裝進未來的自己

我們再一次整理她的願望:除了變得有女人味之外,還想讓衣櫥變得像飯店一樣乾淨整齊。

要做到這件事其實不難,只要一步步拆解衣櫥就能做到。

第一步是做到減量,將不適合的衣服篩選出來,第二步是放入自己真正需要的衣服,第三步則是收納整齊。

歷經了為時五小時的整理，我從她的身形與膚色出發，協助她
抉擇衣服，為她架構出看衣服的邏輯眼光，以及抉擇的思考方
式。看著滿是衣服的地板，我們總共捨棄了將近三十公斤的衣
物，其中大部分衣服都太像女孩，已經不是現階段的她所需要的
服裝。

再來，我們將符合她需求的
衣服整理出來，這些衣服能讓她
能變得更有女人味、更優雅自
信，再一件件掛好放進衣櫥中。
同時，我也教她利用直立式折衣
法，可以把衣服折得漂亮，也讓
衣櫥空間更乾淨整潔。

> **在家也能自我改造TIPS**
> **直立式折衣法**
> 1. 先將衣服鋪平之後，折成
>   一個長方形。
> 2. 將長方形分成三等份，手
>   刀切下去，就會呈現可
>   以自然站立的樣子，再
>   一一立起來排好即可。

放下別人的眼光，你才是自己的主人

這次為小真服務的過程十分愉快，我們像是走在京都哲學之道
上一邊散步、一邊聊天的友人，既輕鬆又親暱。她開始學會辨識
自己的選擇和他人的看法，講話越來越有力道，神采飛揚。小真
的衣櫥變得不再擁擠吵雜，她原本的聲音也更加清晰可辨。

在這之後的某天，小真開心地告訴我，最近朋友說她感覺比較
優雅，家人也沒有嫌她穿得太過性感。

小真是我正式收費後服務的第一組客人，那是在二○一七年衣

櫥醫生剛成立不久，一切都還處於不太穩固的草創期。收到她的訊息後，我感到開心也感動，覺得自己真的能藉由衣櫥醫生的力量幫助別人，也讓她的生活有了轉變。

後來小真告訴我，那天整理完衣櫥後，她自己靜下心想了想我的話，還偷偷掉下眼淚。

她想起每次當她說自己想要變得有女人味時，大家是如何看待她小小的身材，直覺地懷疑她的願望，覺得這麼嬌小的她，怎麼可能適合成熟有女人味的穿著？

小真想要的樣子，一直被否定，沒有被大家聽到。但是那一天她卻能勇敢說出自己想要的模樣，並且被重視，朝她想要的方向走去。

看著臉書上她傳來的訊息寫著：「謝謝衣櫥醫生，我今天很開心！做著平常上班的自己，也找到了不一樣的自己，結果都是自己喜歡的樣子。上次聊完天，掏空自己，我也越來越喜歡這樣的我，這是我獨自整理衣櫥時不會產生的自信。在生日前整理好衣櫥，好有紀念性，加上那天一起整理的過程，真的很刻骨銘心。」

我知道，她仍是那個溫柔的她，只是這次的溫柔不只眼裡有他人，也有了自己。

不是穿得不夠好看，
是你不夠了解自己
——小力的故事

在電影《你的名字》裡，奶奶一葉曾經說過：「將繩線連結起來的是『結』，關係的也是『結』，時間的流動也是『結』，全部都是神的力量。」

結，可以代表著人與物的關係。就好比每每看見一個人穿上一件與自己產生連結的衣服，這樣的景象，我就好像看到衣服與人之間的羈絆具象化，形成一個極穩固的繫結。

尋找與自己產生強連結的衣服，
是一輩子的事

我們都會透過選擇衣物，而具象化了象徵心裡嚮往的自己，象徵背後那個結，是牽繫、是時間的流逝，也是一種記憶。可以想像，當我們要打一個結時，需要用線彼此纏繞、編織而成；當我們打錯了結，就像關係時而平順，時而紊亂，我們該做的就是回

過頭去，重新檢視那一個打錯的結，好好糾正。

「結」不只連結人與人之間的記憶，也連結成了時間。

在人與衣服的關係裡，也存在著時間與記憶，如同夥伴一樣，第一次約會時穿的那身衣服、第一次面試時穿的那套正裝……人與衣服之間的連結，其實遠比我們想像的還要親密得多。

「行醫」這幾年下來，我漸漸發現，**改變外在的技術只是提供一個踏板，尋找能與自己產生強連結的自我分身（衣服），才是一輩子的事**。有些人可能一輩子都不知道最適合自己體態的衣服，或是最適合的顏色，但仍能穿出自己的味道，這正是因為他們跟隨著自己身體的感覺，去決定穿在身上的衣服，與之產生強連結的緣故。

我想起了客戶小力，她預約了我一整天的服務，希望以後可以「不再買錯衣服」，因為她不知道自己為什麼常常買了衣服回家後，又不喜歡了。

對小力來說，內心好像總有個隱隱約約的聲音在召喚她：「該買衣服囉，我想成為那個樣子，換上新的衣服，或許可以達成吧？再嘗試一下吧，是不是再努力踏出一點點，就能成為自己想要的模樣？」於是她就去買衣服，但回到家又後悔。就這樣一直重複買了又丟、丟了又買的輪迴，有過太多的錯誤經驗，以至於她非常想找人陪自己檢視一番，看看她在衣物的選擇上究竟出了什麼狀況。

「容易買錯衣服」的問題，時常發生在不了解自己的人身上。

首先，要知道身形是一個人大面積的輪廓，而整體的協調感，則是決定你讓人在視覺上感覺舒適與否的關鍵。

肩膀寬的人，如果請他穿上一字領的衣服，一字領是典型往橫向視覺發展的衣服，這樣一穿，是不是會讓人看起來寬上加寬，反倒失了比例與平衡？

以衣飾的特點加強身體某個部分，本是為了達到協調目的，吸引他人目光，但要是強調的重點錯了，就會像「寬肩膀＋一字領」這樣的組合，會讓人有種「好像哪裡怪怪的」感覺。

所以我常對客戶說，沒有不好看的人，只有不夠了解自己的人。

你無法看著不是你的目標，到達終點

如果你天生骨架較大、身形較厚，或者臉形原本就是圓形，就不可能期待肩膀有一天會自動變小，只能藉由穿搭讓自己看起來肩膀變小、變扁身、變細長臉。如果沒有認清現況，設定對的目標，那麼對自己感到滿意的那一天，是永遠不會到來的，因為**你無法看著不是你的目標，到達終點**。

從執業到現在，我已有百分之百的自信透過穿搭，讓人忽胖忽瘦、忽高忽矮，但我還是遇到很多客戶在諮詢完之後，仍對自己的身形有諸多不滿，聊過後才赫然發現，對方其實根本沒有聽進去。

經過更深入的觀察後，我發現這些人其實也不是故意的。當他們又一次站在鏡子前、完整的看到自己後，就會想起，同事、親

友間茶餘飯後的話，嘰嘰喳喳的把自己的聲音遮蓋住。

「手臂變粗啦」「最近是不是胖了」「屁股坐久了變鬆垮囉」……別小看這些他人不經意說出口的話，聽久了、想久了，真的會變成心裡的話。

而且一追問往往會發現，時常評論別人身體的人，通常也無法接受自己的身體缺點。雖然無法說這些人是刻意霸凌，但這種現象常在死命批判別人「胖與醜」的人身上看到，批判者的內心追根究柢，就是一種投射心理：一種「害怕自己變成同類人」的恐懼與排斥心態。

我當然不會說「你就是要愛自己、接納自己」，或是「別人說的不重要」等等這種自我安慰的話，但透過誠實的盤點現狀，可以讓我們知道自己擁有什麼。就算對自己天生的條件並不是很滿意，但確認自己的立基點後，才能到達「屬於你」可以到達的地方。腳步踏穩了，才能再走下一步。

侷限於天生條件，又緊抓著無法實現的目標來改造自己，不但難以達到目標，過程也容易讓人感到空虛匱乏。

> **在家也能自我改造TIPS**
> **以衣飾加強特定身體部位，達到全身協調目的**
> 如果你是肩膀寬的人，應該選擇 V 字領這種往縱向視覺發展的衣飾。如果穿上一字領這種典型往橫向視覺發展的衣服，反而會寬上加寬，失去整體協調性。更詳盡的體形與衣飾搭配原則，請參考第三章「辨身形」。

📐 你知道你是誰嗎？

管理學之父彼得・杜拉克曾提出一套「目標管理原則」，我覺得這套檢視方法也適用於自我改造之上。建議大家根據以下原則，來量身訂定自己的改造目標與內容：

目標必須具體、可量化：比方說，目標是「我想瘦下來」，並不夠具體，若改成「三個月瘦下十公斤」就明確多了。

設下完成時限：很多人總說自己做事愛拖延，沒辦法改。拖延是人的本性，不是只有你會拖，其他人也難免如此。所以明確訂出完成日期，並且追蹤自己的進度，才是有效避免拖延的辦法。

面對現實、有可能達成：要依照自己的實際條件與狀況，訂定合理目標。假如你訂下了「我想變得跟林志玲一樣高」的目標，但你已經過了成長期，現在又只有一六〇公分，這就是不可能達成的任務。別人的目標未必適合你，請以自身的狀況檢視目標可行性。

明確的執行計畫：例如「我要變得優雅有氣質」，這雖然是大家都想達成的目標，但具體該如何執行，關於細節的描述並不清楚。如果能清楚寫下：為了變得更優雅有氣質，「要穿哪一種類型、視覺上簡單俐落的衣服」「每個月的衣飾預算多少錢，謹慎消費」「每週讀完一本書」「還有什麼重要特質？有哪些人物符合這些特質？蒐集他們的穿搭圖照，做為夢想樣板」……諸如此類確切的執行計畫，才不會讓自己只是呼呼口號，卻不知該如何具體做到。

接下來會分享幾個從整理衣櫥開始，漸漸踏上尋找自我道路的故事，如同歌手巴奈〈你知道你自己是誰嗎？〉的歌詞：「你知道你自己是誰嗎？你勇敢地面對自己了嗎？」

你會發現，先回歸到自身，任何尋找才是有意義的。

在家也能自我改造TIPS
目標管理原則

目標管理原則	模糊不合理的目標設定	具體合理的目標設定
目標必須具體、可量化	我看起來好胖，我要減肥（×）	三個月瘦下十公斤（○）
面對現實、有可能達到的目標	身高一六○，卻訂下「想變得跟林志玲一樣高」的目標（×）	我的身形搭配什麼樣的衣服，能穿出視覺上拉長五公分的效果（○）
明確的完成時限與執行計畫	我要變得優雅有氣質（×）	為了變得更優雅有氣質，每個月的穿搭預算是多少錢、每週要讀完一本書、蒐集符合特質人物的圖照，做為夢想樣板……（○）

衣服有特色，
不代表你的個人特色
——Samantha 的故事

作家 Samantha 有一個小小的儲衣間，裡頭似乎網羅了她「向這個世界表達她是誰」的精選戰鬥服：有栗子形狀的帽子，雙腳褲管合併後成了大大笑臉的彩色垮褲，遠從蒙古北方來的毛絨氈帽……每一件衣物都是精心收藏，她卻對我說：「我找不到衣服穿。」彷若眼前一整間的衣飾都不存在似的。

我蹲下身，與堆起來和自己上半身幾乎等高的衣服對看，再與她對視。Samantha 從苦惱的表情轉為噗哧一笑。

「我想，與其說妳找不到衣服穿，不如說每件衣服都很特別，但它們卻、無、法、讓、妳、特、別。是這樣嗎？」我笑著對 Samantha 眨眨眼。她想了想，大力地點點頭：「每次新書分享會，都好想驚艷全場！」

「但……是不是有些衣服反而太過特別，根本不像日常的妳，以至於衣服雖然極具特色，卻總是讓妳有些惴惴不安呢？」

「是啊！」Samantha 有些懊惱地躺在衣服堆上，擺出人體大字

型，「怎麼辦啦！這是不是代表我撐不起這些衣服？」

我給了她一個堅定的眼神：「只有錯的衣服，沒有錯的人。妳只要轉換一下『找衣服的順序』就可以了。」隨後我拿起一張白紙，打上一個大大的問號：「妳的關鍵字會是什麼？」

「我的關鍵字？」Samantha 一臉狐疑。

「沒錯。妳的關鍵字，也就是妳想呈現的『特別』，到底是古怪的特別、氣場強大的特別，還是哪一種特別呢？」

「我個子小，但想要『不容忽視』的特別！」

「這樣的形容太模糊了，沒辦法達成妳想要的目標喔。我需要妳給我更精準的形容詞關鍵字。」我搖了搖頭，繼續引導Samantha。

這是她該自己決定的時候。做為衣櫥醫生，我的角色只能是引導者。Samantha 因為思考而低下的頭，又再度燃起希望般抬起。

「我想要有點可愛但不是甜美，是有『個性』的那種！」

「那麼，我們將目標定為『有著個性美的可愛』吧！」

找出自己的服裝態度關鍵字

找出自己的「服裝態度關鍵字」，是相當重要的，這能讓你在宛如汪洋的衣之海中找到方向，更能透過關鍵字檢視衣服是否符合自己的需求。

那麼，我們該如何找出自己的關鍵字呢？我建議大家可以透過

「選兩件衣服」的方法找到：

- **選你想穿去婚禮的衣服**：請大家先在衣櫥前面，找出一件今天若要出席重要朋友婚禮的衣服，這個衣服要能襯托你的樣貌的，也一定比平常的你感覺更隆重正式，那麼你會選擇哪一套呢？

  請去撫摸你衣櫥裡的每一件衣服，這些衣服的材質有可能硬挺，有可能柔軟，最後選出你想要穿去婚禮的那一件，穿上之後，請看看鏡子前的自己，找出「服裝態度關鍵字」來形容，這件衣服可能是華麗的、優雅的，也可能是狂放的。從這些形容詞裡，我希望大家找出和自己相近的特質，然後寫下來。

- **選你會穿去上班的衣服**：找出一件陪你工作的衣服，這件衣服是你的好夥伴。請再回到衣櫥前，一件件感受衣架上的衣服，手滑過了每件衣服的表面，絲質的、牛仔的、硬挺的，最後再把這件衣服穿上。這件衣服是要陪你去上班的，它和其他衣服不一樣，可能會讓你獲得讚賞，也陪你走過很緊張的簡報時刻，讓你進退得宜。那麼，你會選擇哪一套呢？

  請去形容這件衣服，它可能拘謹、得體、樸素、顯眼。

綜合以上兩種情境或場合，你就可以組合出兩組關鍵字。這些關鍵字可以帶領你更快速且心無旁騖地跟想要的自己相遇。

有了關鍵字的定錨，Samantha 好像打通任督二脈一般；接下來在挑選適合的衣物時，便非常有自信地指出能為自己創造「有著個性美的可愛」衣服戰友。

在完成作家 Samantha 的診斷後，我給她開了一張這樣的衣櫥診斷書：

選物只要掌握核心特質，就不至於與原本的自己相距太遠，導致自己無法與衣服間產生信任的連結感。

某些人在人群裡具有識別度，但大多時候都不是因為他們穿的衣服有多特別，也未必是外在顏值有多高，而是他們知道：現在的自己穿起這件衣服是多麼合適，衣服與自身的舉手投足間無不吻合。就像打散了他的靈魂，再重組成這件衣服的纖維與鈕扣的每一個部分，就像是為他量身打造一般，渾然天成。

請記得，**醒目的衣物百百種，但特別的衣物無法造就特別的你，唯有「把衣物當作主角」改成「以你為主角」，從「衣服很特別」改成「我穿上這件衣服看起來很特別」，才能產生真正的轉變。**

> **在家也能自我改造TIPS**
> **選兩件衣服，找出自己的「服裝態度關鍵字」：**
> 選出兩件衣服，一件是你想穿去婚禮的衣服，一件是你會穿去工作的衣服，然後描述這兩件衣服的特質，選出貼近自己的形容，寫下專屬於你的「服裝態度關鍵字」。

回到自己的「服裝態度關鍵字」，與自己的衣物產生極大互信互賴的關係。這時的你，就會像擁有互相信任的夥伴般，被安穩完好地環繞著，衣物成為使你閃閃發亮的小宇宙。

看見眞實的自己，
設定對的目標
—— Jane 的故事

Jane 是個開朗愛笑的女孩，初次見面時，我就留意到她的活潑
有朝氣，像一顆秋日午後和煦的暖陽。

她是金融保險業主管，在台北租了間小雅房，年紀大約
二十七、八歲。一進去她的房間，就看見 L 型的衣櫥外頭罩著一
塊布簾，掀開布幕後，衣櫥裡滿滿的衣服，沒有空隙，只要有看
似顯瘦元素的衣服，像是深色系、寬鬆感等元素，統統搜刮進她
的衣櫥，像是一個大型顯瘦衣著實驗室。

放下對完美的追求

Jane 本身是有點肉的女生，我在服務過程遇到最大問題在於，
即使我已藉由穿搭協助她提升整體造型，卻仍不符她的期待。

在四個小時的換穿過程中，她一直反覆出現像這樣的說法：
「我覺得我太胖了」「這樣眞的有顯瘦嗎？」「好像還是很

肥？」我不斷聽到她嫌棄自己身體的聲音。

我告訴她：「現階段的妳，只能讓自己在現有條件下達到最好的狀態，而不是一直討厭自己。」認清自己天生的限制是很重要的，不然只能不停怨天尤人。

我再次提醒：「我理解妳和妳想要的樣子有一段差距，滿衣櫥的衣服都在提醒妳注意這點，請正視這個問題喔。」

穿上衣服前，我們都會想像自己理想的樣子，但首先要了解，世上沒有所謂完美的體形，如果心裡對身體感到不滿意，就算再美的人也有辦法在雞蛋裡挑骨頭。

像 Jane 這樣的女性不在少數，畢竟用嘴巴說討厭自己的身體，比付諸行動來改變自己簡單得多。多數時候我們藉由自我否定、不處理，來逃避眼前問題，但光是不斷抱怨並無法解決，正視問題所在才是根治之道。

然而，改變體態和穿衣習慣無法一蹴可幾，得花時間練習與慢慢培養。我建議她可以先找出自己的身形，就能透過一些穿搭方法來改變體態（編注：請參考第三章「辨身形」）；至於如何升級舊有的穿衣習慣，可以先從兩個簡單指標「怕熱」與「怕麻煩」著手，再以此為基礎來提升穿搭。

我請 Jane 從現在開始放下自我批判，接受現在的模樣，從打破她舊有的穿衣習慣慢慢做起，相信她會一步步變得更好。

之後，我收到 Jane 的回饋，她說自己終於明白，為悅己者容的重點不在「悅己者」，而是「悅己」。我很高興，她終於懂得享受在透過穿搭讓自己開心的過程。

穿衣四象限

以兩個提問爲指標，分別爲是否「怕熱」「怕麻煩」，就能將穿搭習慣分成四象限。

「怕熱」的定義是「無法接受在夏天穿兩件以上的衣服」，「不怕麻煩」則是「衣服可蔽體之後，可以再多加點變化」。只要依據這兩種指標，就能找出自己的象限所在，逐漸調整穿衣習慣，爲穿搭加分，漸進式改造自己。

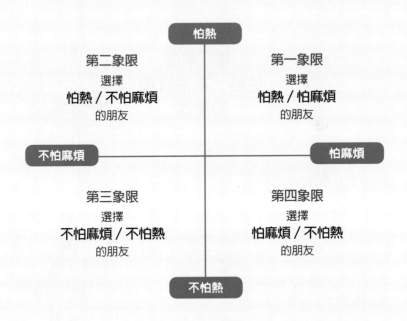

怕熱／怕麻煩
的朋友

有型的頭髮

如果你穿不住多層次穿搭，又覺得穿脫麻煩，建議你將部分治裝費撥一筆給髮型設計。花點錢換一個有個性又好整理的髮型，好處是一頭有型的頭髮，不用穿脫、透氣通風、自帶造型，也可以為你的穿搭加分。

第二象限

怕熱／不怕麻煩
的朋友

在原有的衣服上披掛配件是最適合的。配件雖然只占穿搭的一小部分，卻能大大影響整體感，像是耳環、項鍊、戒指、襪子等，尤其是襪子，看似不顯眼，反而是能展現自己真實性格的好地方。若要凸顯襪子，也建議整體衣著顏色以不超過兩種為準，讓襪子更搶眼。

凸顯配件

不怕麻煩／不怕熱
的朋友

這類族群的朋友除了可以嘗試多層次穿搭，我
強力推薦將「領巾」與「帽子」納入穿搭選
項。或許有人會說，這樣「太引人注目，感到
不自在」，但在我看來，這其實是種「偷吃
步」的穿搭心理戰術，只要多增加這兩個元
素，就會讓人有種「這個人對於穿著好像有自
己獨到見解」的正向觀感。

多層次
穿搭

好看的
外罩衫

第四象限

怕麻煩／不怕熱
的朋友

添購一件好看的外罩衫是首要之務。
外罩衫覆蓋了你上半身至少四分之
一，也是整體穿搭升級關鍵。它也可
以是簡單俐落的白襯衫（要維持不起
皺、起毛球），或是嚴選一件混搭休
閒與正式風格的外套。比如看似正式
的白襯衫就能與休閒T-shirt混搭。

意識到自己得
做出改變
── C 小姐的故事

我對 C 小姐的第一印象是貼心有禮。在我提供服務的前一天，她細心地提醒我日期、時間、地點、電話，這些原該由我自行準備的工作事項。

當我迷路時，C 小姐更體貼地說：「我們家的位置確實很容易迷路呢。」並且耐心指引我會合地點。

她的家既整齊又溫馨，C 小姐告訴我，自己已經實行過斷捨離，然而面對成堆的衣服，她還是不知道該怎麼辦。衣櫥裡的東西看起來雖然多而不亂，改造難度不算高，但還是需要花點時間處理。

🪝 自己不願改變，又期待他人幫助

這樣和氣又貼心的 C 小姐，卻在開始整理衣櫥時，出乎我意料地一直發出反彈的聲音。

當我請她把所有衣服先拿出來時——

「可以只拿出三分之一嗎？好累喔。」C小姐回應。

「依妳的身形來看，上身適合多層次穿搭，下半身沒有太多拘束與限制，但應盡量避免穿緊身褲，以免頭重腳輕。」

「是嗎？可是我穿緊身褲時，大家都說很瘦、很好看。」

「衣服吊牌要拆再使用喔。還有，送洗回來的衣服，外面的塑膠套要拆掉。」

「可是我怕弄髒。」

經歷過多次反彈後，我的臉部肌肉不自覺地越繃越緊，但仍提醒自己面帶微笑，講一些輕鬆的話，希望讓過程更順利。

但到後來我還是覺得這樣不行，決定向她坦承自己的無力感：「老實說，現在的我無法幫妳，而且，我必須很老實地告訴妳，今天我來到這裡的成果有限。」

在諮詢三十分鐘後，我覺得自己可以離開了。

雖然她在我眼前，我卻看不見她，她不存在於現在，也不存在我們要共同討論的衣櫥規劃之中。於是我明快地做出這一罕見決定。

C小姐不解地皺了皺眉，等待我接下來說的話。

「我不覺得妳找我來，是想做出任何改變。我像是遇到一面盾牌，無論說什麼、做什麼，都會被反彈回來。如果妳不願意接受他人的幫助，還是會回到原來的生活，什麼也不會改變的。」

🪝 唯有你也想見我的時候，我們見面才有意義

　　找我的客人，通常都是意識到想改變才來的，也因此我給他們的建議才會起作用。否則我只是一個介入他人生活、幫忙丟東西的清潔人員罷了。

　　我想起衣櫥醫生草創時期，有位熱心朋友為了解決她的困擾，自願成為我的實驗客戶。朋友當時的狀態是衣櫥早已爆滿、衣服堆得床上到處都是，找不到地方睡的她，甚至要睡在客廳沙發上。聽到這種狀況，我毫不遲疑地以助人心態協助她。

　　「希望透過妳的專業，讓我的生活空間變大！」

　　朋友十分配合，也願意信任我，依我的建議一一清理了衣櫥。

　　我真心認為，「你覺得自己還不夠痛的時候，先別找我」，這話雖然有點重，但唯有當你真有意願改變，而且願意相信你的顧問時，問題才能獲得解決。

　　身為顧問，我最怕的就是自己主動介入去幫助別人，因為人的大腦對於破壞慣性的事，是會心生反抗的，如果客戶自己沒有改變意願，單憑我一己之力，想去改變客戶長久以來的習慣，可說難如登天。就像遠古時代的人類一樣，人如果做出超過掌控範圍的事，往往難逃一死，因此不得不避開可能的危險與改變會帶來的焦慮感，這是大腦原始的自我防衛機制。

　　在這種情況下，顧問的話即使再有幫助，也只會引起雙方的衝突而已。

⚘ 知道有一個「過去的你」在對你索求

　　在整理 C 小姐的衣櫥時，我遇到一個瓶頸，那就是得處理很多看似華美，但其實如同「雞肋」般食之無味、棄之可惜的衣服。

　　「妳知道嗎？以前我的錢很少，現在不一樣了。」這句話從她口中重複了無數次，再加上她衣櫥裡塞滿大相逕庭的喜好，我斷定有個「過去的她」，正在吸引我們倆的注意——我心裡漸漸浮現一個人形：一個曾經嚮往穿上美麗服飾，但口袋沒錢、為此嘆息的少女。

　　「妳從什麼時候開始買這些衣服？有多少錢能買？」我問。

　　C 小姐說：「其實很少，但我很喜歡衣服，所以只要一有能力，就會想把喜歡的衣服統統買下來。」

　　BINGO！果然是這樣。由於過去的渴望沒有得到滿足，才會有這些囤藏與收集的行為。

　　「好的，雖然有點玄，但我必須告訴妳一件事，那就是妳衣櫥裡堆滿的衣服，其實是在向妳傳達一個訊息：妳想對過去的自己做出彌補。當妳有能力滿足自己時，過去的妳就會一直需索。若妳真的因為這種行為深感困擾，那麼妳必須告訴現在的自己，是有能力滿足自己任何需求的。」

　　「我真的很想聽聽不同人的觀點。我知道這樣的我很矛盾，明明有很多衣服，卻捨不得穿，也買下很多華麗卻不實穿的衣服。但其實我現在最常穿的，還是自己感到舒適自在的衣服。」

「過去的存在不是要來找妳麻煩，妳可以當成一個提醒，提醒妳回去照料並撫慰過去的自己，不一定是物質方面的，或許有別種方式與過去的自己和解。」

「如果我還是忍不住想買漂亮的衣服呢？」

「當然可以，要妳什麼都不買或刻意節制，對現在的妳來說是困難的，而且也做不到。妳會一直填補自己的需求，直到疲憊不堪才肯罷休。我無法對過去的妳做任何事，除非當情緒上來時，妳能自己先意識到並安撫過去的妳。」

所以 C 小姐要做第一件事，是知道有一個「過去的妳」存在，而且正在影響她現在的行為與生活。

接著下一步，是在下一次消費時，能區分出此刻的需求來自於誰？如果能保持這份清醒的覺知，下一次消費發生矛盾的機率就會減少。

改變從自己出發

在找到盲點後，我也知道 C 小姐其實需要的不是我的服務，而是找尋自己。

結束這次的服務後沒多久，我收到一篇她的訊息：「衣櫥醫生人真的很好，很認真，有耐心。當我跟衣服告別時，真的很捨不得。幸好衣櫥醫生很有耐心，她的建議也很實用。當她說出我內心糾結的關鍵時，我突然覺得：對！這就是我，長久以來一直躲

在長大的身體裡面，原原本本的我！」

　　也還好我們都夠勇敢：我願意向 C 小姐坦承無力與無奈，正視自己能力的極限；也謝謝她願意與我分享她的矛盾——我遇過很多人，即使清楚知道自己的矛盾，仍會選擇閉口不談，或是假裝沒這件事發生。但她清楚說出了自己需要我協助的問題。

　　經過這個的經驗之後，我像洩氣的皮囊又重新灌飽了氣，又能好好迎接明天的預約。

> **在家也能自我改造TIPS**
> **我想購物的需求來自於誰？**
> 在你每一次消費時，區分出此刻購物的需求來自於誰？是否有一個「過去的你」因為得不到滿足，在對你需索？還是有其他原因在影響你的決定？如果能保持這份清醒的覺知，下一次消費發生矛盾購物的機率就會減少。

第二部

穿搭

穿搭改造之路走得更順暢
——本我風格金字塔

　　先前提到，我遇到很多「總覺得衣櫥裡少一件」的客戶，發現需要做到的是「讓自己與衣服產生連結」。那麼「到底要從哪裡開始著手？」是我常被問到的問題。

　　我認眞思考後發現，很多客戶會希望找到自己的風格，但是當我幫客戶換上符合他需求的衣服時，許多人會有以下反應：「覺得新鮮，但不知道好不好看」「不知道美醜的標準」「不知道適不適合自己」「就算是適合自己的穿搭，還是會感到疑惑」「覺得順眼，但基本上無法形容或沒有太多感覺」「別人覺得我穿這樣好看，但其實自己心裡覺得不適合」……

　　我觀察這些現象，發現有這樣想法的人，對於自己外在的樣子其實是非常不熟悉的，並且離穿出自己風格，還有一段不小的距離。當你處於這種階段時，甚至無法用「休閒風」、「運動風」等爲溝通基礎，去做穿搭風格上的確認。因爲當一個人對於什麼適合自己都還不清楚時，他的「風格」是沒有畫面的。

　　眞正的根源其實是不了解自己，不知道自己是什麼樣子，才會容易人云亦云。

在經手超過一百個衣櫥改造與客戶穿搭的服務經驗之後，我不禁想，在找自己的過程中，若是有一個系統化的方法，去引領大家入門，也許會容易許多。

於是我發現一個簡單且好入門的穿搭系統 — 本我風格金字塔，可以幫助你順利找到自己的穿搭風格。

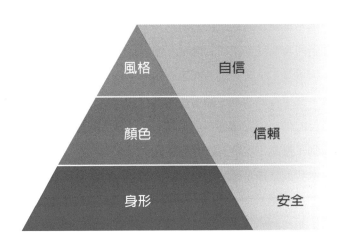

本我風格金字塔（參考來源：Shu Ŷui Yeh）

第三層（下層）：身形 / 安全

俗話說，萬事起頭難，但身形是一個很好了解自己的起點。

你首先必須了解自己的身形，才能幫助你選擇符合個人身形的衣服。

身形是讓人看起來有精神與否的一大關鍵，而從身形開始的改造，也會讓自己有安全感。

為什麼最先改變身形，會讓人感覺比較安全呢？因為改變身形是直接修改一個人的輪廓，是最明顯的轉變。這樣的轉變並不是改變你的氣質與身材，而是選擇符合自己身形的衣服，會讓你看起來更添神采，我會說這是穿搭中的「微整形」。而周遭人的反應通常都是正向的，因為有精神的人會讓人看起來有活力。在這個階段容易受到正面的激勵，促使自己延續這個新的穿搭習慣。

因為基本上人只要看起來有精神，別人就會覺得你今天不太一樣，甚至得到讚賞。隨著得到讚美和肯定的次數增加，就能增強自己的信心與安全感，而且這不是一個大幅度的改變，只要身形做到了協調，就會有好看的感覺產生。

當我們累積了足夠的安全感，對於做出改變開始累積一些自信後，就會更願意持續嘗試，接下來就要進入穿搭改造的第二階段：顏色搭配。

第二層（中層）：顏色／信賴

　　顏色是影響一個人的氣色好不好看的關鍵要素。可是要精準選擇適合自己的顏色並不容易，尤其顏色五花八門，又分明度、彩度，不了解的人若想做出判斷，有一定的難度。

　　來到這個階段，對自己的身形已有一定掌握度的你，可以進一步在顏色上下工夫。這個階段會需要一段時間的累積，也可能會經歷不適合的顏色帶來的負面感受。但了解什麼不適合自己也是很重要的一環，一定要明白這些經驗無論好壞，都只是爲了找到更適合自己的必經過程。

　　了解適合自己顏色的過程中，對於自己能力產生的信賴感將會慢慢堆疊，買衣服不再困惑該買什麼顏色的上衣，也知道什麼樣的口紅適合自己，能做到精準購物，不會一直搖擺不定，再加上了解身形後所建立的安全感，便可以來到最後的改造階段。

　　身形與顏色這兩層的改變都是從外在，像是別人的反饋、搜尋的資訊等等，來累積自己對於改變的信賴。這樣由外向內，最後觸碰到內在的改變，才來到改造的最後階段──風格。

第一層（上層）：風格／自信

能走到風格這一階段，代表你對於選擇適合自己的款式跟顏色都有一定的掌握度。你清楚適合自己的選擇、想留給別人的印象，以及知道自己想成爲什麼樣子。

依此順序，你將會找到適合的風格，這個風格會讓你更有自信，並且相信這樣的穿著非常適合自己，也相信這樣的穿搭能帶來自己想要的生活。這些信任的累積，必須透過信賴，才能由內向外地轉爲一個肯定自己的選擇，逐漸散發出來的自信：「相信並珍愛自己的選擇，就會產生個人風格。」

但要記住一件事：「自己的風格並非恆久不變。」風格會因爲不同階段性遭遇的人事物、生活、環境進而改變。但你並不會因改變而困擾或混亂，因爲你了解什麼適合現階段的自己，並能爲自己做出不後悔的選擇。

△ 相信自己，坦承自我不隱藏

「穿搭」就是尋找自我的一個過程，其中「相信自己」是很重要的關鍵。相信自己才會產生眞正的自我，而尋找自己從來就不是一件容易的事，甚至我會說這是一輩子的事情。

本我風格金字塔能夠幫助你從物品本位，變成以自我爲本位思考，從「這件衣服很漂亮，所以我要買它」，變成「我因爲想要

什麼樣的自己，所以我要穿這件衣服」。

　　循序漸進地走在認識自己的道路上，過程中不只是在無形中建立美感，更多的是認識自己，進而買對適合自己的穿著，並活出自己。

第三章

辨身形
了解身體輪廓，就能穿出好身形

無論高矮胖瘦，
都會遭遇身形歧視

「我太瘦了，不知道該怎麼辦。」

我想，很多人一聽到這種困擾，都會覺得很奢侈吧？然而在我的經驗裡，很瘦的女生幾乎是我看過最兩難的苦主。

「吃胖一點就好了。」「你不該有這樣的煩惱，你看看大家都想變瘦，只有你想變胖。」瘦瘦的女生幾乎只要說出自己的困擾，就會被別人打槍。

在追求越瘦越好的世代，「骨感要怎麼穿才好看」幾乎顯少被人提起。

儘管每個人的身形大不同，當對完美太執著時，就會像這樣產生歧視。

「腳太瘦了好噁心」「臉太瘦了，看起來命不好」……

我幾乎聽到每一位骨感女孩的心聲，都是「我不想看起來很噁心」。

說別人噁心的人，真的知道自己說了什麼嗎？

在青春迷惘的歲月裡，我也常不自覺隨著別人的評價起舞，很在意自己臀部寬大這件事。在成為衣櫥醫生、為別人指點迷津

前，我甚至因爲上半身相較於下半身瘦很多，加上家人一直說我臀部大，而在國中時寫下「某某女同學是多麼美啊，看看我，眼睛不夠圓、胸部不夠大、屁股反而超級大」等抨擊自己身體的句子。

在身體逐漸變化成熟的國中時期，班上有些看似天真、實則出言殘酷的同學，甚至會調侃我的胸部，「發育不良」「A-」……到底這樣對於外表的恣意評價，什麼時候才能停止呢？

對於肉感女孩而言，困擾更是不勝枚舉，想逛街卻被店員歧視「架上沒有你的衣服」，到網路上也很難買到適合的衣服，不是材質粗糙，就是體形尺寸不合，更不用說社會普遍對大女孩的嘲諷與戲弄……

檢視身邊的歧視用語

「胖得像豬」「大腿怎麼這麼多肉」「你的胸部好小」「你屁股怎麼大到撞飛我了」「肚子怎麼這麼大」「你的頭好大」……

你知道嗎？我們對人身形的一句無心評價，可能會造成別人多年的困擾與影響。

儘管說出口的有九五％是肯定的話，但多數時間我們只在乎那五％的負面評論，並且不斷放大——瘦子看不見自己其他部位勻稱的身形，只記得曾被人說過「鳥仔腳」、很噁心；胖子忘了自己有雙美麗的大眼睛，只看見鏡子裡臃腫的身材；身材再好的

人也總能雞蛋裡挑骨頭，覺得自己有小腹，不然就是手臂肉太多……

很多歧視都來自我們身旁親近的人如父母、兄弟姊妹、好朋友，更會讓我們只看缺點，而忘了全貌。

人是一面鏡子，透過別人可以看見自己。我們也要謹記，不對他人的身體任意批判，你不知道那無心的一句話，可能會影響別人多長多遠。

△ 不只關注身形局部，更要綜觀全局

當有人針對你的局部給予評斷時，容易讓你只聚焦在細節，看不見整體樣貌。你必須跳脫這種思維，綜觀自己，否則只要一點小事，都能影響你對自我真實的認識；也就是說，如果沒有消除他人歧視對自己的影響，無論你穿得再瘦再美，永遠會感到不安。

站在鏡子前，請忘記那些歧視的聲音，看看自己整體的輪廓，先了解自己是哪一種身形，是倒三角形、長方形、水梨形，還是漏斗形呢？再藉由穿搭的技巧來調整，而不是一直在意局部的缺點。

其實，只要穿對衣服，是不會有人特別在意那些小細節的，甚至根本不會發現，很多時候都是自己給自己的限制。我們必須先

破除局部的歧視聲音，才能看到自己真正的樣子。

我每每在改造服務的過程當中，遇到停滯不前的情況，通常都是為了處理委託者心裡留下的聲音——那些被他人批評而深植人心的聲音。當一個人對於自己身體的理解，還處於一片空白的時候，就像一個空的器皿，填塞了許多他人對於美好身材的想像與渴望，甚至是寄託。

每當我問委託人：「所以你的想像是什麼呢？」我聽到的答案通常不會是多高遠的願望，有時甚至只是微小的渴望：「我希望找到適合自己的衣服。」只想知道究竟什麼樣的衣服才是適合自己的，如此而已。

我們得認知一件事，不是所有衣服都適合自己，穿在別人身上好看，穿在自己身上未必好，所以與其去追求別人的好，不如好好了解自己，重點從來都在於你，而非別人的看法。

接下來的內容會帶領你一步步辨識出適合自己的穿搭。無論身形如何，只要找對方法，都能呈現出自己最好的模樣，因為你就是你，那個最美好的你。

被嫌棄的身體，
一場中斷的服務
——盤的故事

當我們站在鏡子前面檢視自己，總有看不慣的地方，眼睛不夠大、臉不夠好看、胸部不夠挺、腿不夠長、腹部太腫……視線聚焦在這些身體部位，漸漸變得刺目，還逕自得出結論：追求美是好看的人的權利，不是我。

我們首先要明白，無論你是什麼模樣，都沒有人是完美的，要挑剔永遠都能挑出缺點，每個人都一樣。

我第一次在線上與盤對話，她老是說自己陰沉又常常尷尬癌（編注：網路用語，指遇到一些自認為會讓人尷尬的事情，下意識地想逃避的現象）上身。

我們的對話一開始就滿好笑的，像是一場邊緣人大賽——

盤：「我、我……有點社交障礙。」

我：「沒關係，我、我……從小被排擠到大（身體與心靈）。」「還有還有，我經常單戀無果喔！」

盤：「……（一片沉默）」

當時我以自嘲的口吻，試圖抹平她的尷尬和緊張，其實只是想傳遞我們都一樣，會因為某些事而感到不自在，這沒有關係，畢竟想像的凌遲往往大於現實的狀態，會有這類反應再正常不過。

👕 從身體外形到心理的傷

那時已入深秋，我和盤約在捷運站見面，簡單詢問她的需求、職業及工作環境後，就帶著她前往服飾店挑衣服。

我先幫她做身形檢測，量肩寬、腰圍、胸圍、臀圍等數值，分析出盤的身形屬於「正三角形」。

正三角形身形的特點在於，下半身會比上半身寬，也就是說臀部顯得比較寬大，腰、肩部相對窄。我建議她要特別注意下半身服飾的挑選，像是以寬褲和 A 字裙來修飾臀圍線條，或是質料較硬挺的布料，也是不錯的選擇。

當天對話的過程中，我感覺盤的反應起伏不定，時而停頓，時而健談：「唉，我的尷尬癌又發作了。」「我性格陰沉，跟暗色系很相配。」……

我彷彿被拉進一幕自我審判的法庭戲裡，但坐在席上的我常常一頭霧水：「事實真有她說的那麼嚴重嗎？」甚至覺得，她有必要時不時像這樣對自己進行審判嗎？

我發現她的衣著大多是黑、棕、灰色，於是也請她穿上顏色較明亮鮮豔的衣服試一試。

「妳看，其實非暗色系在妳身上也很適合！」我甚至得不斷引導她看向自己。

「恩……我還是覺得不太習慣。」

難道是藥效太強了？色彩明度一下子提高太多？

我從不安與懷疑，到心裡隱約理解到，盤的成長史裡似乎遭遇過什麼事。因為在試穿過程中，明明是很適合的衣服，但她始終頭低低的，不太敢正視鏡子裡的自己。

通常面對十分迷惘的客戶，我都會扮演非常堅定地給予建議和方向的角色，但我發現自己的語調越發柔軟，柔軟到連一點穿搭專業的堅持都沒有了。

△ 服務的不只是外在，
更是人的內心

「我們去找張椅子坐著吧！」我察覺到盤的異樣，於是帶著她到一旁找張椅子休息。

盤嘴唇顫抖著，吐出破碎的字句：「對不起，那個……就是，我曾被國小老師、同學嘲笑我的外表……有一次，班上同學要跟老師一起合照，我也跟著衝上前，想跟大家一起入鏡，結果……結果老師對我說：『妳長這麼醜，還敢在鏡頭前搞怪？』，接著，全班同學聽了，跟著一起大笑起來，還有人笑我醜人多作怪……」

她紅著眼眶，說出自己深層的感受。從那時開始，她就對外貌感到自卑，對於追求美麗感到恐懼，而現在卻要她面對這件事，因此惶惶不安。

　　我決定暫停這次服務，勾起她的手臂說：「走吧，我們找間咖啡廳，聊聊天！」老實說，當下我雖然看似鎮定，但也陷入小小的恐慌，因為「今天的服務無法達成，是沒辦法收費的！」腦裡瞬間閃過的雖然是這個念頭，但下一秒我看向盤，她的手與身體都微微顫抖，眼眶泛紅，我直覺感到「這女孩快不行了」！

　　如果她今天不是我的客人，我會怎麼做？

　　想到這裡，我的手不由自主地勾起她的手。通常，我很少跟初次見面的客戶有肢體接觸，但當下我毅然決然放棄衣櫥醫生的身分，當她是個現在需要人陪她說話的朋友。

　　我們來到公館的甜點店喝下午茶，各自點了甜點和飲料，如同朋友一般閒聊瑣事，以前的戀愛故事、喜歡的動漫等等，自然而真誠的聊著。一路上有一搭沒一搭地聽她說話，直到那一天結束。

　　之後，在我閉關整理客戶資料時，收到了盤溫暖的肯定與回應：「原來，向衣櫥醫生求診的期望背後，我其實是希望有個人可以陪我聊一聊。但我這個人如此無趣，不只有社交障礙，還常常尷尬癌發作，因此與人相處時，總會保留一條無人能跨越的界線。我不是沒有朋友，也不是沒有情人，但就是永遠都覺得寂寞。謝謝衣櫥醫生，很高興能與妳度過這樣美好的一天。」

△ 透過衣服，與內心的想望對話

　　我很慶幸自己當初做的決定，也慶幸自己不只是一名生意人。

　　如果一心只想做成生意，就會緊張時間、付出與成本，而這些也的確常讓我睡不好。但那些在商業服務下被忽略的人性需求，就像盤這樣的人，確實需要有人適時承接住他們。這類人由於感知敏銳，往往接收太多訊息，而常感脆弱無助，甚至必須膽戰心驚地活著。

　　我向我的一位友人說完盤的故事。友人對我說：「庭荷，我記得當時坐在妳對面，就是現在這個位置。妳說，妳想當個能夠溫柔承接別人的人。現在妳是了。」

　　友人坐在我對面，聽我說完故事，留下了這句話和淚流滿面的我。

　　往往都是這樣的，人透過衣服的選擇，與之對話，每一次的向外抓取，其實都是內在顯化的探求。「我想成為什麼樣子？」「我為什麼不想要這件衣服？」「我為什麼無論如何都擁有那一件？」層層的問題，也織成一張以探尋自我為核心的綿密的網。

　　等到盤內心那些別人的雜音，像是對她身形的評價，以及社會的期待，都被一一過濾掉後，她真實的模樣就會越發清晰，會正視過去的經驗，連結現在的渴望，盼望未來的模樣。

　　我想起自己很喜歡一段有關於極簡主義的詮釋：「當所有雜物都去除後，真實的需求越發顯得熠熠生輝，你會更知道自己真正

需要的是什麼。」

適時清理他人在你內心留下的雜音，問問自己：你呢？你需要什麼？想要成為什麼樣的人？

> **在家也能自我改造TIPS**
> **清除他人在你內心留下的雜音**
> 當自我改造的過程不順時，像是你可能無法直接面對鏡子裡呈現的身形，發現自己對於追求美麗，打從心裡感到恐懼……如果你察覺到這些問題，建議你找幾個值得信賴的親友談一談，適時清理他人在你內心留下的雜音。無論是什麼體態，打從心裡接納自己的身形，才能建立起穿搭改造的基本安全感。

展現自己個性的
大女孩最美
──利嘎的故事

　　我是在衣櫥醫生剛起步時,接下利嘎的案子。

　　當時我還是個菜鳥,只做衣櫥整理規劃;後來,利嘎說衣櫥裡沒有她想要的衣服,我才有了第一次幫客戶買衣服的服務。

　　利嘎是網路社群上小有名氣的社工服務人員,起初我很驚訝她找我,因為對我來說,利嘎是如偶像般的存在,我長期關注她的文章,可以感受到她很熱愛自己的工作,發文有趣、溫暖,是個真誠自然的人。

△ 這世界是不是小到沒有我的位置了?

　　利嘎是個肉感女孩,普遍而言,大女孩會遇到的困擾是,在實體店面常常找不到他們尺寸的衣服。但女生哪有不愛漂亮的?每一次逛街想買衣服時,常碰到店員對她們說:「這裡沒有妳的Size喔。」眼神與口氣都不友善。

利嘎說：「當妳在店家被拒絕一百次後，妳會沮喪地開始懷疑，這世界是不是小到沒有我的位置了。」或是在網路上買衣服，總買不到對的剪裁，只能想著，等到自己變瘦再穿，到後來也只能充滿罪惡感地忍痛丟棄。

打開大女孩的衣櫃會發現，留下來的都是可以顯瘦的衣服。

> **在家也能自我改造TIPS**
>
> **深色系與寬鬆服裝顯瘦效果有限**
>
> 大女孩想得到視覺上修飾身形的效果，重點應放在縮小整體外在輪廓，而非只選穿深色或寬鬆衣物，反而局限了自己穿搭選擇的自由度。其實還有許多好方法，可以達到修身效果，像是穿上長版襯衫外套，修飾過寬的線條；選擇V領衣服，讓橫向的線條轉換成縱向；讓袖口自然而然呈現「完美倒V」形狀，就能修飾手臂等等。

大女孩會想辦法掩飾自己的身形，尤其很多女生不是先天因素，而是後天原因才胖起來，像是懷孕後瘦不下來，工作壓力大導致肥胖，因此她們對於新身體的接受度很低，很多的衣服的存在，都一再提醒她們這件事，好比她們會穿全黑或深色的衣服，並不一定因為喜歡深色系，而是希望能隱藏自己，很像用哈利波特的大隱形斗篷遮住全身。

「我不想穿得太花花綠綠，被人家發現我很胖。」「我不想太顯眼，免得人家說我醜人多作怪。」但要認知到一個重點，與其遮遮掩掩、給自己諸多侷限，我反而建議大女孩們要讓自己開心最重要。我常常從她們的衣櫥深處，發現一些明亮色系或紅色的衣服，代表她們還是渴望過充滿色彩的生活。

在此還想給大家一個觀念，大女孩不一定要穿深色系或是寬鬆的服裝，這些顯瘦方式的幫助都很些微，反而會讓自己看起來像更大的色塊。

想達到視覺上修飾身形的目的，重點應放在整體外在輪廓是不是有縮小，可以穿上長版襯衫外套，修飾過寬的線條；選擇 V 領的衣服，讓橫向的線條轉換成縱向；或是讓袖口自然而然呈現「完美倒 V」形狀，就能修飾手臂等。

我的工作其實只能做到視覺顯瘦三到五公斤，並沒有辦法透過衣服改變模特兒的體重，因此給自己太多要求，反而會讓人不快樂。

個性是決定魅力的關鍵

我認為個人魅力的關鍵來自於個性，與身形胖瘦沒有太大的關係，因為胖瘦和鼻子高低、眼睛大小、頭髮長短一樣，只是一種身體特質。

別只在意顯瘦與否，你的個性呢？你想呈現的自己是什麼樣子？個人的特色和魅力何在？像是日本知名搞笑藝人渡邊直美，超級有個性又有自信，衣服該是輔助你展現自我的媒介，相信自己是什麼，就是什麼。當你心裡想什麼，別人就會看向什麼，你對你的心下了什麼指令，你的大腦就會依此搜尋佐證。好比今天妳穿了一件自己不確定是不是很好看的洋裝，妳就會覺得，別人

是不是也覺得這件衣服不好看？當妳覺得這件衣服很好，自然會覺得自己穿起來很美，也會覺得別人看待自己都是美的。

大女孩怎麼穿？

利嘎是很有個人魅力的人，性格幽默、可愛、真誠，所以凸顯她的特質，是我為她改造的重點，因此，我一開始就沒有想著要怎樣幫她顯瘦。

我挑選她的衣服時，只有三個原則，第一是她穿起來方便活動。第二是當她穿上這件衣服時開心嗎？第三是這件衣服能彰顯她的個人特色嗎？

利嘎想變得漂亮，但又不想過度張揚，所以在找衣服時，會找比較有彈性、穿起來腰圍比較寬鬆舒適的衣物。其實再怎麼胖的身形，還是可以透過衣物穿出曲線，可以把比較瘦的地方凸顯出來，露一點肌膚，像是露出一點鎖骨，或是手腕和腳踝的部分，並運用視覺轉移，加點領巾，讓整體搭配有特色。

當我們在師大夜市亂逛時，看到一件黃色的裙子，直覺穿在她身上一定很美，因為她的衣櫃裡有很多T恤，想著搭配起來也很適合。我還找到一件綠色上衣，這件綠上衣還叫她倒過來穿，可以露出一點鎖骨的肌膚，讓她更有女人味。

在案例結束之後，我看見利嘎在批踢踢上的分享，以下節錄她的部分描述：

「試穿衣服時，衣櫥醫生完全不會強迫我買下她精挑細選的衣服，她只在乎我覺得穿上去是否自在，我自己覺得這件衣服好不好。

『我覺得穿上去像個丈母娘。』『好，我們看別件』『我覺得這配色像個案的香菸盒』『好，那這個花色呢？』店員來推銷時，她主動幫我擋掉；穿不下時，她也會溫柔地跟我說沒關係，我們再看別家。

我們在大雨中走到鞋都濕了，但她仍然積極地帶我跑她的選購地圖，沿路向我分析，我的體形適合什麼樣的穿搭，也讓我學到很多。透過衣櫥醫生的幫忙，買衣服不再令人折磨，反倒成了不斷發現新的自己、新的風格而令人興奮心動的過程。」

也因為利嘎的分享，我陸續接到許多工作邀約，也更堅定自己正在做的事。我始終相信，**為你的個性做出消費選擇，消費自然而然會變得精準，未來的輪廓也更加鮮明。**

瘦扁身好難穿
——小君的故事

「哈囉，請問是衣櫥醫生嗎？」

在帽簷遮住的視線下，出現一雙咖啡色踝靴。正在滑著手機的我抬頭回應：「我是，請問是小君嗎？」眼前站著一名美麗的女子，穿著非常筆挺合身的霧灰色長版西裝外套，脖子裹著酒紅色絨毛圍巾，搭配一雙恰到好處的踝靴。

看著打扮亮麗的她，臉頰光滑，氣色很好，走在路上就是一道風景。老實說，我非常疑惑，小君似乎……完全不需要諮詢啊！

⌂ 穿得下的衣服越多、越迷惘

小君領著我到達她家，打開房門，一陣沉重的氣息迎面而來，我感覺到有股氣在房裡散不開，像一個人悶住胸膛，好像一直沒有吐氣換氣的感覺。

這股「悶」氣，不只來自於不開窗所以不通風，而是有許多沒在使用的物品堆疊已久的氣息。那些淤積的氣，在門一開的剎那

衝了出來。

「妳的東西似乎很多？」我進一步確認。

小君回答：「其實我有找過整理師，已經清了不少，但好多東西在當下仍是捨不得丟，但留下來之後又發現，其實並沒有很喜歡這些東西，所以我想請妳幫我找到真正適合的衣服。」

二十五歲的小君職業是櫃姊，她非常瘦，甚至被人家說過瘦得像骷髏，有點噁心。於是小君嘗試過很多種衣服，衣櫥裡頭有不同風格的服裝：嘻哈風寬鬆型的滑板衣，上頭有卡通人物圖案的可愛帽 T，也有公主風的衣服，以及精明幹練的俐落套裝……各種衣服塞得滿滿的，整個衣櫥就像是一個衣物實驗室。

攤開所有衣物，
審視每一件存在的價值

「請將衣服全部拿出來檢視！無論有沒有整理過，這是第一步。」我脫下外套，準備開工。

她打開一面牆，所有衣服一覽無疑。左邊是掛衣服的吊桿與鮮綠色的收納櫃，右邊則分成上下兩個空間，都有掛衣服的吊桿，有許多空間可以收納衣服。

「說真的，衣服很多欸。」我看向這面衣牆，又看向旁邊的收納籃。

小君有點不好意思：「家裡附近就是鬧區，很好逛嘛，沒事就

會去翻找一下新衣服。」語畢，我們接力把衣服全部堆放在床上，形成一座不停滑落的衣服山。

「哇，拿出來還是好多！」「這就是全部了！」我拍一下手。「好……」

突然，小君大叫一聲：「啊！對了，床底下還有！」「啊！這裡也還有！」衣服數量之多，真的可以榮登我衣櫥整理服務裡最害怕的前幾名。

「所有的東西都得拿出來：包含晾曬的、髒衣服和現有的衣服、四季的衣服。」唯有一次全部拿出來，才會明顯地意識到自己的衣服有多少，收藏在衣櫥裡，是無法體會到這件事的。

再者，徹底執行以上動作，還可以讓所有不應該出現在衣櫥裡的東西，有機會被拿出來檢視，以及所有遺落在角落的衣服，都可以一覽無遺。

小君正將她的掀床抬起來，所有原本堆在上面的衣服、被子、枕頭，就這樣隨之滾落床頭。

「噢，不！」在雙人掀床下方也是滿滿衣物，從裡面拿出的衣物令我鼻孔搔癢。初來乍到時，那股沉重的氣，就是來自這些擠得滿滿、毫無保留空間的儲藏方式。

衣服總算全部拿出來後，小君看著這些小山說：「我應該是妳最誇張的客戶吧？」

「到底這些衣服有沒有確實發揮功用？我們來一一檢視。」看著眼前成堆的衣服山，我對小君說：「首先，把衣服分成五種：

機能型、紀念型、很喜歡、還好、不喜歡。請妳先把機能型的衣物，像是睡衣、家居服、運動服拿出來，以及紀念型的衣服，像是有深厚情感連結的衣物，也先拿出來。接著，請妳挑出很喜歡的衣服，也可以說是妳穿起來絕對很有自信的衣服。」

小君快速地將衣服分成兩堆後，指一指身上的灰色西裝外套說：「這就是我的戰袍，每次穿出去都會特別有自信。其他……好像就沒有了。」

她眼神迷茫，看著成堆的衣服山，喃喃說著：「我的人生到底在幹什麼？擁有這麼多衣服，真正喜歡的卻沒有幾件。」

其實仔細看看，小君很喜歡的衣服，還是多到無法放進衣櫥。這些衣櫥裡，存在著過去和現在的喜歡，需要一一釐清。

⌒ 當人生進入不同階段，
　 衣櫥也需要更新

二十五歲可說是從女孩轉變成女人的交界點，小君的這些衣服是過去很喜歡也愛穿的，但如果妳的「很喜歡」一直停留在過去，就沒有空間留給現在。

這種感覺有點像面對前男友，雖然妳對前男友仍有眷戀，但他已經是過去式了，如果一直放不下，怎會有餘裕喜歡現在遇上的人？**心的空間有限，衣櫥也是一樣，若一直留戀過去，現在喜歡的衣服就進不來。**

我發現，當客戶每回穿上真正信任且喜歡的衣服時，肢體動作會發生變化，會對這件衣服多看幾眼、摸摸它、滿意地微笑。這些暗示性的反應，都是自己真的很喜歡的訊息。

根據我的服務經驗，滿足所有條件的交集，往往只有一小區塊，所以客戶真正喜歡的衣服，不大可能有很多件。

「改造的首要之務，是問問妳自己想成為什麼樣子，這也決定了妳的衣櫃接下來要放進哪些衣服。」

小君發現，現在的自己想要的衣服，是穿起來簡約、俐落、專業，並且可以讓自己看起來不那麼瘦，變得更豐潤有精神。因此接下來她選的所有衣服，都要符合這些條件，這也才是她真正需要的。

> **在家也能自我改造TIPS**
> **瘦女孩這樣穿，撐起全身氣場**
> 避免穿太貼身或太緊的內搭服，才不會凸顯已經偏瘦的體態。建議上衣可以穿一字領或寬領，下身可以穿寬褲或是條紋長褲、格紋、淺色褲子，都可以修飾偏瘦的身形；洋裝剪裁上，選擇沒有腰線設計、布料硬挺一些的直筒洋裝，或是讓肩膀加寬的一字領、臀部有皺摺設計，都可以幫助視覺橫向延伸，整體看起來更豐潤。

我請她想一想現在的自己所期待的樣子，「這件衣服可以讓妳的身形更加勻稱嗎？穿起來很有自信？表現出妳的工作專業？」

小君總是覺得自己太瘦，這也是瘦女孩們的真實煩惱——就算半夜吃再多宵夜、猛吞起士片，還是胖不起來；穿衣服也總怕身形太單薄，撐不起全身氣場。

其實，有許多方法可以解決這些問題，只要一一掌握，並了解到，不是所有穿得下的衣服都是適合自己的，瘦女孩也能找到真正符合自己需求的衣服，下次買衣服也不會再過度消費。

△ 學會如何割捨，才能看清所愛

　　小君衣服的數量，絕對是我服務所有客戶以來數一數二的多。對於這樣的狀況，學會如何取捨是一大課題，最後，她也終於在引導之下，捨去了大部分衣物，留下現在的自己真正需要的，才掛回衣櫥。

　　我過去也曾失心瘋地一口氣買下七盆蕨類，以為家裡會因為這樣看起來像森林一樣，變得更美，但實際照顧起來才發現，這並不容易維持，每一盆都要浸到水裡澆水，久了就累了。其實衣服也是一樣，許多人以為把喜歡的衣服買回來、塞進衣櫃就好。然而衣服的保存、穿搭都是需要思考的，像是這件衣服究竟該怎麼清洗，如何穿搭、維持，只是買下卻忽略這層思考，其實代表了妳根本沒有好好面對帶回家的衣服。

　　我喜歡的作家張小虹曾說：「穿搭是非常具有創造性跟生命力的活動。」你希望看起來像披了一件衣服就好，還是希望衣服帶你前往自己想要的未來？相信當你穿上一件自己很信任的衣服時，不會有種只要能蔽體就好的感覺。

　　既然如此，那些你無法信任、不能帶給你自信、也不適合你的

衣服，必須從衣櫥離開。你也要斷開一些舊習慣，像是不要再一股腦接收別人不要的東西、不是所有穿得下的衣服都適合自己，你要認知到未來成長的方向和過去不一樣了，如果衣櫥中的衣服來到你身邊的目的，都已經完成，其實就可以請衣服離開，不用把丟東西視為莫大的罪過。這就像是一種自我更新，我們的身體只是在做自然的代謝，如此而已。

我們要向自己之前買的衣服學習，衣服會用它們的犧牲，換得我們的方向。

迷惘不是壞事，而是面對自己的開始。清空衣櫥，留下真正需要的，下一次更謹慎消費，那才是真正的善待衣服。

辨識自己的身形

　　當我在服務客戶時，一定會問這個問題：「你對自己身形最滿意與最不滿意的部位是哪裡？」

　　我聽到的反應通常很兩極——「沒感覺」或是「極度討厭」。更多的是自我批鬥大會，不滿意的地方好多好多，甚至有人會臨陣脫逃：「等減完肥我再來找妳好了！」

　　其實，人的身體無論胖瘦、長短、完美不完美，都只是幾何圖形，只要掌握人的雙眼很重視協調性這一要點，你也可以用衣服將身形調整成視覺上更為協調的幾何圖形。

　　每當說到這裡，我就想起以前小時候玩的巧拼板，利用各種形狀去拼裝成指定圖案。

　　整體身形在視覺上的協調好看與否，其實只是一道簡單的穿搭數學題，依照你的身上的幾何圖形，去找出需要增加或減少的圖形與部位。

　　你可以透過像右頁這張巧拼圖，想像我們都在玩拼圖遊戲，拼成自己喜歡且好看的形狀。

　以正三角形身形的人為例，所謂的「正三角形」指的是下半身無論是與肩寬、腰圍相較之下比較寬，或是原本就容易胖在下半身的人，身形都會像正三角形，呈現上窄下寬體形。

原本上窄下寬的正三角形，上方再加一個倒三角形，上下整體視覺是不是平衡多了？

　正三角形身形的人，如何讓自己的上下半身保持視覺平衡？可以參考以下三種做法：

1. **重組身形**：重點在於將身形拼成比例好的模樣，以正三角
   形身形為例，將上半身加寬，穿墊肩衣服或橫線條服飾，
   就能與過寬的下身保持平衡。

2. **切割身形**：修飾身形中過寬的線條，比如穿長版的襯衫外
   套、背心遮住，亦或是穿版型比較硬挺的褲子，這就是切
   割身形的一種做法，塑造外輪廓就能改變原本身形。

3. **視覺轉移**：簡單來說，就是轉移目光，像是在脖子上戴項
   鍊，或是繫上好看的皮帶，讓視覺重點轉移，人們就會忽
   略過寬的線條。

   無論你是哪一種身形，其實只要依照以上三種方式，就能達到
改變身形的效果。

如何找出你的身形

　　所有的身形都能大致歸類成四種幾何圖形，分別是沙漏形、長方形、正三角形、倒三角形。想知道如何藉由穿搭調整身形，得先找出自己是哪一種體形。

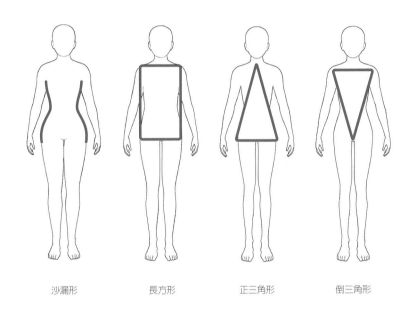

沙漏形　　　　長方形　　　　正三角形　　　　倒三角形

測量前，保持呼吸平穩，背部挺直，雙手自然放鬆在身側。準備一個捲尺，請人協助測量，每個數值都測量三次，並取平均值。

步驟一：

測量肩圍、胸圍、腰圍、臀圍等四項身形數值。

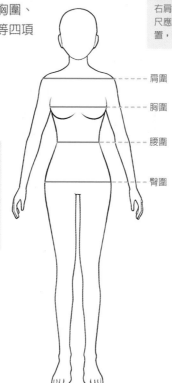

肩寬：左右肩膀距離。從左右肩膀的兩邊測量長度，量尺應放在肩膀上方平行的位置，才不致於滑落。

肩圍

胸圍

腰圍

臀圍

胸圍：胸部最飽滿的一圈範圍。將捲尺在胸部最高點（乳頭位置）到背部，最寬的位置量一圈。量尺不要拉太緊，自然放鬆地量即可。

腰圍：腰部最細位置一圈。從肚臍正上方，可稍微向左右兩邊側身，下凹的位置即為測量基準點，連結肚臍的位置，環繞一圈。

臀圍：臀部最寬的一圈位置。將捲尺包裹在臀部的最翹的位置，水平繞一圈。

步驟二：四大身形

測量出結果後，建議你可以穿上比較合身的衣服，仔細檢視測量結果的正確性，再進行各個體形的分析。

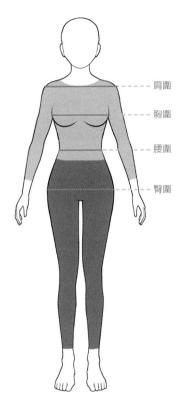

肩圍
胸圍
腰圍
臀圍

公式	身形
腰圍 ÷ 肩圍 ≤ 0.75，且腰圍 ÷ 臀圍 ≤ 0.75	沙漏形
腰圍 ÷ 肩圍 ≥ 0.75	長方形
臀圍 ÷ 肩圍 ≥ 1.05	正三角形
肩圍 ÷ 臀圍 ≥ 1.05	倒三角形

沙漏形

特徵是腰細、臀寬、胸部豐滿，
是非常協調的身形比例。

修飾身形的三種方式

1 重組身形

上下半身平衡很重要，沙漏形的人因為肩膀與臀寬差距甚小，一不小心穿到不適合的衣服，就會讓人誤以為肩膀太寬或臀部太寬，因此重點在於維持身形平衡，切勿特別強調肩膀或臀圍。

2 切割身形

沙漏形是很好看的身形，可以穿著凸顯體形的衣服，例如窄管褲、合身的短版牛仔外套等，塑造合身外輪廓，就能讓身形呈現最佳狀態。

3 視覺轉移

裝飾簡化至最少，避免繁瑣款式，例如蓬蓬裙又加上蝴蝶袖。盡量簡單，讓原本的身形自然展現，如同一道很棒的食材，只要簡單調味就很美味。

長方形

特徵是腰部較不明顯，整個人呈現長形管狀，
一般來說較不容易胖，是衣架子的身形喔。

修飾身形的三種方式

1
重組身形

呈現腰身是最要緊的
事。適合任何有收腰
款式的衣服，挑選時
可以注意腰線是否有
往內側做出腰身。

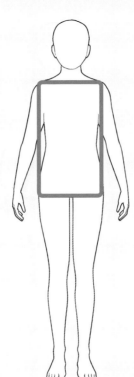

2
切割身形

選擇色塊幾何圖形組
成的衣服。深色色塊
在外側亦有如陰影般
的修飾效果。有腰身
的背心外套也有很好
的修飾效果。

3
視覺轉移

誇張的耳環、誇張的
上下半身衣物、特殊
材質或顯眼的襪子，
都可以做出視覺轉移
的效果。

正三角形

下半身整體來說較大，
贅肉較容易積累在大腿、下腹、臀部。

修飾身形的三種方式

1
重組身形

肩膀：將上半身加寬，像是任何澎袖、墊肩、寬肩的衣服都很適合你。

上半身：可以使用任何橫向視覺的橫長線條、橫長的領口，例如船型領、一字領、荷葉邊。

腰部：不宜束緊顯臀寬，或是下腰圍過多引人注目的裝飾。

下半身：可以選擇沿著體形最寬的地方產生圓弧或散狀的衣物，例如：A字裙、圓裙、澎裙、寬褲。

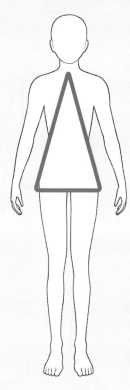

2
切割身形

選擇布料硬挺、不易拉扯的褲子，就能讓在意的圓弧曲線外側呈現直線條的效果。

3
視覺轉移

將對於下半身的注意力轉移到上半身，像是利用配件將視覺重點放在頭部，也有很好的效果。

倒三角形

肩膀、手臂與胸膛、腹部較寬厚，俗稱「厚身」、「圓身」，
但腿部相對纖細，容易讓人有頭重腳輕的感覺。

修飾身形的三種方式

1
重組身形

將下半身加寬。例如寬
大的下身衣著，或是直
條百褶裙、花苞裙都有
很好的修飾效果。

2
切割身形

上半身以輕盈為主，
V 領、肌膚色塊都有
很好的切割和重新劃
分效果。

3
視覺轉移

下半身以淺色、誇張的
圖案，增加下半身吸睛
度，轉移對於上半身的
關注。

👕 從小地方創造你看起來的模樣——
身體各部位穿搭方針

你也有這些煩惱嗎？身高不夠高，脖子太長，頭太大，沒有九頭身，只有五五身？

身形的煩惱好多，但只要觀察螢幕上的大明星，有些人明明身材不高，但穿起衣服來卻高䠷有型，其實這些穿搭的背後都是有理可循的，只要破解背後邏輯，選擇適合自己的方式，就能輕鬆解決各部位身形帶給你的煩惱。

身形線條又分成內側結構線條，例如肩線、內在裝飾線條，以及外側結構線條，也就是整體身形輪廓，人的視覺也會隨著線條的指引走動。外輪廓改的是外側線條，等同重新塑形，內輪廓是視覺轉移，也能因線條的直、橫、斜來創造並展現個性。

如果你想要增高，就要增加垂直線條，想像一下，穿上高跟鞋，是不是就能增加垂直高度？再想像一下，如果長條紋褲子能讓直立的腳更顯長，是不是身高也看起來比原本高呢？

我們更可以直言，所有的長相、所有的體態，都是你可以創造的。改變身體視覺其實很簡單，可以由你自己決定。

以下幾點是常令大家困擾的身體部位條件，同樣可以利用「重新塑形」和「視覺轉移」兩個原理來解決。

身高不高：

1. **重新塑形**：增加垂直高度，例如穿上跟鞋。
2. **視覺轉移**：使用皮帶或穿高腰褲，提高腰線位置，當腿的長度越長，垂直的線條更明顯，所以會給人瘦、高的錯覺。

頭圍太大：

　　頭大頭小的感覺主要來自於肩膀的角度，如圖所示，當角度大於20度，周遭的屏障相對少，就會讓頭部有種鶴立雞群的感覺，顯得更大，俗稱「溜肩」。

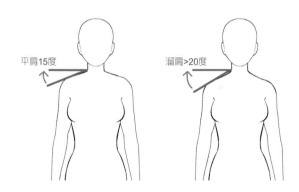

平肩15度　　　溜肩>20度

1. **重新塑形**：利用衣服層次的堆疊來墊高肩膀，或穿有墊肩的衣服，讓肩膀的角度更靠近15度。
2. **視覺轉移**：戴上長形會隨著走動搖擺的耳環，能轉移他人對於頭大小的注意力。

脖子長短：

1. **重新塑形：**

   脖子太長，容易讓人覺得沒精神，這時可以藉由橫向線條或色塊，做截短效果，比如穿高領、頸鍊、絲巾、圍巾。脖子太短，V領增加垂直向下的視覺，讓整個脖子的線條往下延伸，就有拉長的感覺。

2. **視覺轉移：**脖子太短的人，可以做開領口，露出肌膚，會有頸部增長的感覺，或是戴長形項鍊，創造V領的視覺效果；脖子稍長的人，則可以穿高領，用色塊堆疊切割過長的線條，轉移目光。

頭身比例：

頭身比是你的實際身高與頭長的比例，像是我們常聽到的9頭身，會讓人看起來又瘦又高，就是由頭身比來決定。

從我服務過的客戶平均值來看，7.5頭身的人雖然不一定身材極好，但比較容易被形容是瘦瘦高高的人。

8和9頭身人的半身，看起來其實還好，不會很高，甚至有人看到他們的半身，以為他們長得很嬌小，但看到全身後就常被誤判，以為他們比實際身高高很多。

以我的頭身比為例，我的身高 161 公分，頭長 21.5 公分，161／21.5＝7.5，所以我是 7.5 頭身。成長過程中，無論我的體重如何，體脂率也滿高的，但別人普遍都認為我又瘦又高。

用算式找出你的頭身比後，只要掌握技巧，頭身比的數值可以透過視覺來改變的，即使你不是9頭身，也能看起來較高姚纖長！

1. **重新塑形**：想變高，輕盈的短髮就像一個色塊，可以將頭部切割成更小，讓你身高不變，但因臉長變短，看起來頭身比就會更大。

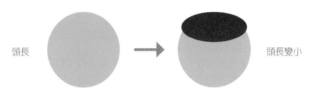

頭長　　　　　　　　　　　　　　　　頭長變小

> **頭身比知多少？視覺效果小測試**
>
> **問**：從這兩個人的背影來看，你覺得誰的身高比較高？
>
>
>
> **答**：兩個人身高一樣。但長髮就會讓人以為頭髮終止的地方都是頭部，看起來頭會變長、身體變短。短髮和長髮會影響視覺上的身高高矮，原因在此。

問：以下1、2、3哪一個長方形，視覺上看起來比較長？

1　　　　　　2　　　　　　3

答：第1個，上下都同一色系的長方形。

如果能將身上任何有顏色的部位，當成一個色塊，你會發現，穿搭就是一種拼拼湊湊的能力，只要你能拼出視覺上讓自己滿意的樣子，就是適合的穿搭。好比如果想讓身高看起來更高，只要全身以同色系搭配，盡量不用顏色對比太高的色塊，以免切割身形，就能達到效果。

優化頭身比的任務重點就在於堆高你的身高，所以「輕、高、提升」是改造目標，相對來說，只要衣服有給你「厚、重、下沉」的感覺，就應該避免。

2. **視覺轉移**：人的腰線位置會讓人以為是腿部的起始點。所以只要將腰線提高，就會讓人有腿部增長的效果。

還有一種情況是，有些高大的人會想變得嬌小一些，這時可以將整個人的垂直線條分割，像是用截短的方式，以五分褲或七分褲取代全長的褲子。上半身與下半身顏色不一致，一樣有截短效果。

我的客戶有不少身形豐腴的女性，最常見的穿搭方法是一身黑，或把全身遮起來。在講修飾身形豐腴的穿搭之前，首先要來解構「胖」的概念。

我們先將立體的人體壓縮成平面，再從平面轉爲線條，那麼胖的身形就會是「一條橫線」。而我拆解市面上幾乎所有的顯瘦穿搭後，得出來的結論爲「顯瘦就是將橫線變直線」。

1. **重新塑形**：將橫向線條往內縮，可以大玩顏色的對比，像是穿著淺色、亮色襯衫，外面再套上明度低的長版外套，讓外側有陰影效果，就能凸顯內側更亮，即可達到視覺內縮的效果。

人的視覺走向 ➡️　⬅️ 人的視覺走向

以及V領顯瘦法，讓人感覺胖的橫向線條，只要在身體中間放上 V 領，將視覺往垂直的走向帶，就有中斷橫向視覺的效果。

欲中斷橫向線條，還有以下方法：利用外套、背心、西裝背心外套等，做出色塊切割（肌膚亦屬於膚色色塊），就能讓身形有效顯瘦。

2. **視覺轉移**：色塊的包覆，會有整體身形吸收顏色重量的效果，所以適當的露出一些肌膚，可以創造輕盈感，不妨讓袖口與褲管露出身體最細的部位，視覺效果更好。

你也許聽過許多豐腴的人如何穿搭的建議，好像有很多規矩，像是不能淺色、不行自曝其短，但後來我曾聽一位高人指點：「只要穿起來有精神，我就開心啦！」我仔細想想也是，身形豐腴的人在實體商店已經很難找到合穿的衣服，帶著這樣的洩氣感，又要遮遮掩掩身體，用色還不能出於個人喜好，只能選黑、白、灰，感覺束縛更多，只會讓人更不開心。

所以，以上修飾方法只是建議，你可以參考選用，也可以跳脫框架，恣意穿上自己喜愛的顏色、做喜歡的打扮，因為穿搭本來就該是讓人開心看著鏡子前的自己的妝點魔法啊！

什麼樣子會讓現在的你感到開心？這其實無關乎胖瘦，只要你能做出適合自己的選擇，怎麼穿都無所謂。呵護你的身體和你的心，讓自己感到快樂，才是最重要的穿搭守則。

如果你不喜歡自己太過纖細的垂直體形，可以往橫向塑造，「厚、挺、明亮、多層次」都是身形纖細的改造關鍵字。

1. **重新塑形**：利用多層次衣服穿搭，一層層堆疊，增加身體厚實感，千萬別想一次增加自己的分量，而選擇一件大而寬鬆的衣服，尤其是大又寬的衣袖空隙，只會更凸顯身形的清瘦。布料硬挺厚實的衣服可以更變外在形狀，並且透過布料的厚實，填補身形的單薄。圓弧形狀的衣服則能增加視覺的膨鬆與圓潤感。

2. **視覺轉移**：淺色衣服明度高，又稱為膨脹色，在視覺上有更寬敞的感覺。

多層次穿搭法，
增加身體厚實感

肩膀寬窄：

1. **重新塑形**：肩膀寬的人除了不再加強寬的部分，還要切割過寬的橫向線條，這時就可以利用色塊，比如頭髮、肩帶、不同材質上衣；或用視覺中斷的方式，像是 V 領、能創造 V 型曲線的長項鍊、長絲巾，都是很好的選擇。

   肩膀窄的人則要讓上身往橫向視覺延伸，就需要拉長橫的線條，例如一字領、肩膀有裝飾元素的衣服，都很適合。

2. **視覺轉移**：在意肩膀寬窄的人，都可以在下半身以鮮豔顏色與顯眼圖案，來轉移上半身焦點。

胸部大小：

1. **重新塑形**：希望胸部豐滿一些，可在胸口加上圓弧的形狀，比如口袋、扭結、多層次皺褶等衣飾、短外套，也會讓胸口逐漸堆疊出厚實感。希望胸部小一些，則要避免胸口上有太多花樣，也可以露出部分頸部肌膚，增加輕盈感。

2. **視覺轉移**：若不想讓人太過注意胸口，可以將視覺焦點往上移到耳環、頭部飾品、帽子。

覺得手臂粗的人，通常不願露手臂，然而在此我想先談一談這件事的真相。

其實有肉的手臂，不一定會讓人覺得特別粗壯，因為人的肉是均勻生長的，除非你特別訓練單一部位，如運動員的手臂，不然不會單只有手臂突兀地變大。就算是上半身寬厚者，如倒三角形，對於這類身形的描述，你也會看到：「通常肉比較容易累積在肩膀、手臂、胸膛、腹部」，而不會只有單一部位特別明顯。所以該注意的不是手臂的肉，而是如何讓整體視覺保持平衡。

如果在網路上打壯碩手臂，會出現「手臂壯一點、視覺增胖1公斤」的言論，並使用多張女星有著精緻妝容、穿著平口禮服露出手臂後，被說手臂很壯的文章。

我想請問，在媒體說她手臂很粗之前，有人發現嗎？是不是被放大檢視了？如果你真的認為自己手臂很壯，我想進一步解釋，為什麼平口禮服會讓手臂變壯，這不是「露手臂」的錯，而要回到從整體面來看手臂壯這件事。

平口洋裝的外在線條是橫向的，也就是說，無論再怎麼瘦的人，只要「橫＋橫」就會看起來往「橫向發展」而顯壯。錯的不是「露手臂」，而是平口洋裝外輪廓線條本就是一條橫線。

那麼，該怎樣露手臂才不會顯壯呢？我們一樣從「重新塑形」與「視覺轉移」著手。

1. **重新塑形**：肩峰點是人體上袖子的接合點，是人體最高計測點。想要修飾手臂，可以找袖口結束的點，是在肩峰點再往下移一點的衣物，可以明顯隱藏副乳及部分上臂的肉為佳。在選擇時，也應同時注意後腋點臂的位置，如果與後背的肉不與手臂肌連成一塊會覺得手臂變粗，肩帶最好卡在最寬的點之下，若是讓袖口自然而然呈現「完美的倒V」形狀，就能裁切手臂的粗細。像是附圖模特兒倒V的袖口，裁掉一半的肩頭，就有修飾手臂的效果。

2. **視覺轉移**：大領口可以讓視覺中心從外側手臂往內集中至鎖骨和脖子，由外向內的視覺指引，是很高竿的轉移方法。

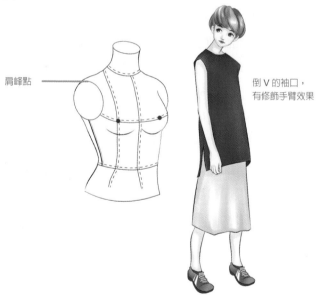

肩峰點

倒V的袖口，
有修飾手臂效果

小腹與腰部粗細：

1. **重新塑形**：將腹部壓平，使用皮帶或硬挺材質，讓腹部順應材質特性往內壓縮，小腹就不易凸出。創造腰部曲線，可選擇紮衣服或有收腰的款式，但如果腰線收得太緊，會束縛住行動，所以最適合的收腰款式是穿上後，用手指捏起衣服，兩側大約保留一個指節的寬度。

2. **視覺轉移**：提高腰線或是穿高腰褲，讓下半身的色塊往上提，來到腰部最窄的位置，在腹部製造自然的圓弧膨度。

第四章

配顏色
找出你的個人色彩

認識顏色的
重要性

覺得自己的人生只有一個顏色嗎？

Ann的衣櫃，讓我覺得好像走進黑白默劇的場景之中，只有黑、灰、白或深藍。

她告訴我，她的膚色較黃也偏深，總是不知道該怎麼選擇衣飾顏色，於是只好找最安全的顏色。因為無法在色彩上有所突破，她的世界彷彿失去了色彩。

當我拿出測色布，一一比對並檢測出她的個人色彩後，發現大安其實屬於春天色彩，適合穿上明亮、輕快的色彩。也就是說，她能搭配使用的顏色比自己想像的還要更多樣。

見過上百個人衣櫃裡的顏色，我深深明白，找出個人色彩也是許多人的困擾，我們的身邊都有好多個Ann，甚至我們自己也可能就是Ann。

為什麼認識顏色很重要？其實每個人都有適合自己的色彩，在經過縝密的色彩測量後，我們會知道什麼是適合自己的顏色；另一方面，理解基礎的服裝配色概念，能在服裝色彩搭配上找到方向，知道不同場合該如何搭配顏色。

在一剛開始，人們的衣服並沒特殊顏色，只有材質的天然成色，但人類對美麗的顏色是有所追求的。《時尚受害者》一書中提到，在一片樸素的色彩中，當奇特的色彩凸顯時，人們儘管知道它有劇毒，還是會不顧一切地想將美麗的色彩留在身上。

色彩也會反映內心的狀態，比如你是一個習慣黑白灰的人，有天突然穿黃色的衣服，會讓人覺得你特別明亮；如果穿上大紅色，則會使人感覺你很熱情、性感。

用衣物修飾身形，影響的是人整體外形的改變，色彩牽涉的層面則更複雜，更接近人內心的感受。

知道適合自己的色彩，
就能產生信賴感

本我風格金字塔中，色彩對應的關鍵是信賴。原因來自於了解
色彩，就是信賴自己選擇的能力，因為色彩要辨識的訊息與符號
是相對困難的，當真正了解自己適合的色彩，就不容易被別人的
意見左右，影響判斷。

很多人說自己有選色障礙，什麼都想要，其實，這往往是不知
道自己要什麼。

以前我也有「包色」的問題，也就是遇見喜歡的款式，不知道
該怎麼選擇顏色時，就乾脆把所有顏色買回家。然而，當我好不
容易從一堆顏色裡選到自己喜歡的顏色，結果買回家才發現，其
實並沒有這麼適合自己，穿上後膚色看起來反而比較顯黑或黃，
讓自己的氣色更不好。

無論是包色或是對顏色選擇的游移不定，其實都是一種自我否
定，反映出人在面對不擅長的事物時，會對自己的選擇感到害
怕，或是根本無法做出選擇，因此與衣服的連結感也不夠深，變
成很容易被別人的意見左右，失去對自己的信賴感。

我認為購物含有感性和理性兩種層面，簡單來說，感性是直覺

地喜歡，可是當喜歡的感覺變得有點氾濫時，就需要理性分析，心裡要有一把明確的尺去衡量。

找出適合自己的色彩，便能讓購物訴諸理性，讓心裡的尺顯影，不再像無頭蒼蠅什麼都買，或永遠買到不對的東西。

穿衣服一直以來的都是回到自己、以自己為核心，不被衣服和顏色牽著走，而是有能力知道什麼是適合自己的選擇，就會對自己產生信賴感。

當了解自己適合的色彩，就能在一定範圍中快速且準確地選色。真正的自由，是在一定的範圍內做出選擇，毫無限制不是自由，反而讓人更加迷惘。

接下來我們先認識基本的色彩知識，以此為基礎，再進階到如何找出選色階段，也就是找出適合自己的個人色彩。

認識色相環

　　色相環的顏色分為三種屬性，色相、明度、彩度。其中色相為區別顏色的名稱，比如紅、橙、黃、綠、藍、靛、紫。明度代表顏色明暗的程度。彩度是色彩的純粹度、鮮豔度。

　　而色相環是將可見光區域的顏色以圓環表示，為色彩學的一個工具。一個基本色相環通常包括 12 種不同顏色，我們可以藉由色相環搭配顏色。

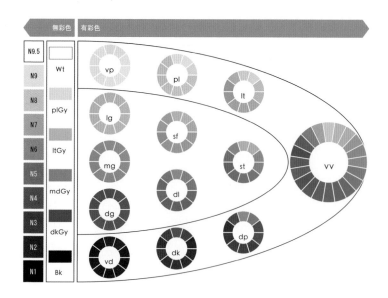

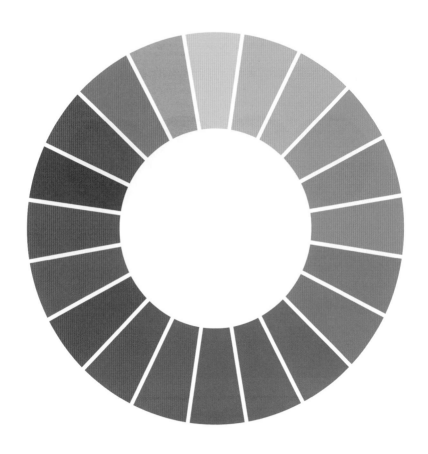

⌒ 同一配色

色相環中差距 0 到 15 度的色彩，是當你的配色在配色環上是鄰居的時候，就是同一配色，這樣的配色會讓人感覺有協調、溫和、專業與一致感、不突兀。應用上比較適合制式場合，像是制服、正式服裝等等（編注：本章配色參考中華色彩協會）。

⌒ 類似配色

色相環中差距 30 到 60 度的色彩，比較像自然界的顏色，給人溫和、安定感。應用上氣質比較典雅，比方伴娘或是去參與別人婚宴要穿的顏色。

🪝 對比配色

　　色相環中差距 120 到 180 度，對角線的顏色，呈現比較強烈活潑，有個性的感覺。應用上是想成爲出席場合裡的主角，例如在宴會、私下聚會時，想展現個性，傳遞比較衝突的感覺，感覺搶眼，吸引衆人目光。

找出適合自己
的顏色

你知道嗎？每個人都有自己適合的色彩。

穿對顏色，會讓人看起來氣色好、臉色明亮；反之，則會讓人看起來膚色暗沉，感覺老化、眼神無光。

那麼，究竟要如何找出個人色彩呢？

其實要精準地找出個人色彩是有難度的，這需要諮詢受過專業訓練的膚色測色師協助客戶找出。

專業的個人色彩診斷，必須利用近 150 種顏色的測色布，不斷反覆檢測，根據你本身的膚色、髮色、眼睛顏色，找出最適合你，也就是最能修飾你外表、讓你看起來最出色的個人識別色。

若要粗略抓出個人色彩，最簡單的辨識方法是從自己的衣櫥中挑出衣服，像是你穿上哪幾件衣服，容易被人稱讚自己氣色看起來比較好，如果這類衣服大部分是秋天的顏色，那麼秋季色便很可能是你的個人色彩。

⌒ 你適合夏季色、還是冬季色？
——四季色分類法

　　四季色分類法是個人色彩中較爲廣泛使用的一種分類方式，基本做法是將色彩分爲四種類型，分別是春、夏、秋、冬，你可以想像一下自然界四季出現的色彩。找到屬於自己的季節，將個人專屬色彩活用於妝彩、服飾及飾品搭配上，就能讓自己看起來更迷人、更有吸引力。想找出適合自己的四季色彩，首先，第一步要分析自己膚色，依據偏暖色（偏橘）或是冷色（偏藍）、偏清澈或是偏混濁，就能找出自己的四季色彩。

　　在此也提醒，我遇到一些客戶找到了自己的四季色彩後，就堅守原則，要求百分百遵循季節配色，結果反而因此受限了。

　　要知道，四季色彩畢竟是一種參考與輔助的方法，其實只要抓住大原則，你還是可以在顏色搭配上加入自己的創意，保有彈性。就像我常對客戶形容的，你用的是地獄的使用方法（死板的配色，百分百符合你的四季色彩），還是天堂的使用方法（彈性的配色，仍以自己喜好爲準，讓四季色彩成爲輔助工具）？決定權完全在於你。

> **個人色彩**
>
> 個人色彩源起於一九五〇年代，以美國為原點推廣，色彩學逐漸運用於生活中，服裝、室內設計、餐具等配色，並出現以個人為服務對象的專業色彩顧問。之後甘迺迪總統開始將個人色彩概念，運用在選舉中，舉凡服裝色彩、搭配物件、陳設椅子，都有細緻的安排。一九六〇年甘迺迪成功贏得選戰後，個人色彩的應用方法開始在全世界發酵。

四季色彩自我檢測

以下提供簡單的提問測試，可以檢測自己的四季色彩取向。請站在有自然光或白光的空間裡，以素顏檢測，回答以下問題如果你實在不確定，也可以多請教幾位你的親友，參考他們的意見：

 你適合穿橘色的衣服嗎？

(A) 是。

(B) 否。

 金色飾品與銀色飾品，哪個比較適合你？

(A) 金色。

(B) 銀色。

 以下哪種口紅顏色適合你？

(A) 帶橘色的口紅，如珊瑚橘、可可色。

(B) 帶玫瑰色或粉色系口紅，如：豆沙紅、正紅。

檢測結果：

以上選兩個 A 以上，適合暖色系；

選兩個 B 以上，適合冷色系。

檢測你適合清澈的顏色，還是混濁的顏色：

Q **當你素顏穿黑色時，看起來氣色如何？**
(A) 更襯膚色。
(B) 氣色更差。

Q **芭比粉紅的口紅擦在你的唇上，**
看起來如何？
(A) 宛如天生的唇色，氣色看起來更佳。
(B) 顯得更蒼白、嘴唇突兀，嘴唇變得不
像自己臉上的一部分

Q **芥末黃和鵝黃色，哪一種更適合你？**
(A) 芥末黃。
(B) 鵝黃色。

檢測結果：
以上選兩個 A 以上，適合清澈的顏色；
兩個 B 以上，適合混濁的顏色。

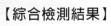

【綜合檢測結果】
如果你檢測的結果是：
暖色+清澈=**春季色彩**
冷色+混濁=**夏季色彩**
暖色+混濁=**秋季色彩**
冷色+清澈=**冬季色彩**

 ## 春季色彩　SPRING

　　生氣盎然的春天，天色明亮，萬物開始甦醒，初生的嫩芽，正要綻放的花苞，給人一種充滿活力、可愛、青春的感覺，春天自然界的顏色，也是呈現比較輕盈，鮮豔明亮的。

　　春季色彩的人，適合穿著帶黃色基調，屬於高明度，清色的，明亮溫和鮮豔的色彩，在配件上，金飾會比銀飾來得適合妳們。

　　春季型的人，較不適合太厚重的色彩如黑色，若要選擇深色，可用深藍色或駝色替代，灰色選擇較明亮或較暖的灰色，白色則是偏黃的象牙白最適合，淺駝色，粉綠色，嫩粉色，水藍色，鵝黃色……等粉嫩的顏色都是春季的色彩，可以在衣服及彩妝上搭配使用。

關鍵字：青春、可愛、有活力、輕快、有節奏感、開朗陽光、表
　　　　　情豐富、純真。

眼睛：清澈明亮，眼球黑白分明。

適合色彩：暖色系、高彩度、透明感的清色。金色配件。

不適合色彩：冷色系、低彩度、濁色，暗沉的顏色。銀色配件。

Spring

夏季色彩　SUMMER

　　屬於夏天的顏色是什麼呢？湛藍色的大海，青綠色的森林，紅色的西瓜，在清涼的夏天，萬物的色彩都躍動起來，帶給人涼爽、浪漫優雅的感覺。

　　夏季型的人，適合柔和的冷色系，彩度不宜高。海水、清涼的湖泊，藍色調的色彩是夏天的代表色，夏天也有明亮的天色，因此顏色明度高，輕柔淺淡的顏色都屬夏天。

　　夏天適合協調淡雅的顏色，太過沉重或純色，黑色或藏藍色，對比強烈的顏色請都盡量避免。白色以乳白色最為適合，淡藍、淺粉色、淺葡萄紫、薰衣草紫色都很適合，粉色系也是夏天的顏色，無論休閒或正裝都可使用。

關鍵字：優雅、浪漫、女人味、甜美、粉嫩。

眼睛：溫柔的眼神。

適合色彩：冷色系、低彩度、濁色。銀色、白金色、鑽石、珍珠
　　　　　　　等配件。

不適合色彩：暖色系、高彩度、清色，暗沉的顏色。木製或銅製
　　　　　　　　配件。

Summer

秋季色彩 AUTUMN

　　季節來到了秋天，落葉紛紛，樹葉開始轉爲金黃，秋天型給人自信沉穩的感覺，秋天的色彩，也如同在自然界中的金色與木質調的咖啡色，是一片大地豐收的景象。

　　秋季型的人屬於偏黃的暖色系，秋天的天色不似春夏一般明亮，彩度與明度較低，秋收的稻穗、樹木的枝幹，越渾厚的顏色、以金黃爲主的暖色，穿在秋季型的人身上越是相得益彰。

　　對比太過強烈的顏色，不適合秋季型的人，可在色相環中選擇鄰近的顏色，進行同色系的搭配，看起來較爲穩重。黑色不太適合秋季型的人，可選擇深棕色、咖啡和深綠色來取代較深的顏色使用。

　　森林中的綠色，軍綠、苔蘚綠、玉綠色也都很適合秋季型的人穿著，白色則避免純白，選擇米白、象牙白等篇暖色調的白會讓氣色更好。金色及大自然色系的配件也相當適合，像是琥珀、瑪瑙、金銅、木質的手飾，都很合適。

關鍵字：知性、穩重、溫和、成熟、都會。

眼睛：沉穩淡定的眼神。

適合色彩：暖色系、低彩度、濁色。金色、大地色系配件。

不適合色彩：冷色系、高彩度、清色。銀色系配件。

Autumn

冬季色彩 WINTER

寒冷的冬季，大地沉睡，雪花飄散，在冬天綻放的花朵也更顯得豔麗，鮮紅色的茶花、華美的牡丹、不畏寒冬的梅花，冬天型的人如同冬季，給人一種神秘、銳利、幹練之感，冬天的顏色，也是飽和且純度高彩的。

冬天屬於冷色系，適合純色，彩度高的色彩，可作出強烈的對比色澤，黑色、藏青色、灰色、純白色都是適合穿搭的顏色，清色會比濁色來得合適。

建議冬季型的人避免咖啡色系，因為咖啡色偏暖色，只有接近黑色的咖啡會比較適合，白色可選擇純白，冰灰色、冰藍色、冰黃、正紅、正綠都是冬季型可以駕馭的顏色，適合亮銀色、白金色的首飾，以及珠寶如鑽石、白珍珠，避免黃金類、木質類的首飾。一如在寒冬中，如羽毛般雪白的大地之景。

關鍵字：冷酷、有個性、俐落、幹練。

眼睛：黑白分明的眼神。

適合色彩：冷色系、高彩度、清色。銀色、白金色配件。

不適合色彩：暖色系、低彩度、濁色。黃金類、木質類配件。

Winter

第五章

找風格
遇見真正的自己

踏上個人風格的
追尋之路

　　對我而言，穿出風格的感覺，就像是與期待的自己相遇。那是種舒服自在的狀態，不光只有表象的美與漂亮，或是依循某種規範或準則，當妳遇見自己的時候，那種感覺真的是不可思議。

　　那麼，該如何找到自己的風格呢？

　　本章我會先從找風格穿搭的基本概念談起。下一章將進入實際運用的部分，我會介紹一套自我檢測方法，可以幫助你找到自己的「角色原形」，也就是最佳的人物設定風格。只要三分鐘，就能測出你是天真可愛的夢想家、可靠溫暖的照護者，還是成熟大器的領導者？

　　我一生中只有出現兩次找到個人風格的感覺，第一次是在澳洲布里斯本的家裡，我買了一條波西米亞風的髮帶，當時回家戴上去之後，就尖叫出聲，覺得「這就是我！是那個尋找了好久的我」。在此之前，我每天都穿得不一樣，而且很刻意用心打扮，但我不知道究竟什麼才是我想要的樣子。

　　某一部分，風格也反映了當時的情境與期盼的自己，那時的我的學業告一段落，來到澳洲旅行，對於一切充滿好奇，想探索

更多外面的世界。波西米亞風代表冒險、流浪，當這個自己出現了，我彷彿瞬間知道自己要往哪裡走，看到了自己像是旅行遊記裡的人物，要不停旅行、不停冒險，經歷不同的人事物，更追尋自己內心的聲音，也預告了未來的自己。

現在我回過頭來，看自己的這趟旅行，的確有許多出乎意料的事情發生，有很多異國元素融入我的生命，自此之後的兩三年，我都是波西米亞風的穿著。當我穿著這種風格的衣服時，人會進入一個狀態，提醒自己想走的方向，莫忘初衷。

第二次出現這種感覺，是在衣櫥醫生創業初期。當時的我回到台灣，穿衣服比較偏愛古著，傾向日系風格，覺得衣櫃裡的每件衣服都好喜歡，但卻找不到一件可以代表自己的衣服。創業一年後，某天我走進一間簡約俐落風格的店家，換上剪裁硬挺的墨綠色長裙和設計簡約俐落的襯衫，當時看到鏡中的自己，驚喜連連。我這才恍然大悟，現在的我希望能展現自己的專業性，那正是我想要的模樣。

有時候風格不一定能被定義，不是美式風、休閒風、日系風就能一語帶過的，當找到了自己的風格，別人每次看到衣服就會覺得那就是你呀，這個人有自己的味道。是衣服襯托人，而非人被衣服所控制，有時候我們會說：「那個人看起來自帶氣場。」所有適合的衣服都會自然而然地環繞著這個人，因為眼前的人明白什麼是最適合自己的，也知道自己想要的是什麼，於是身邊的事物就會如此貼切地環繞著她。

🪝 關鍵字聯想法

對於很多人來說，若從不曾真正去探究自己，就會不知道怎麼與期待的自己相遇。

此時，找出自己的關鍵字很重要。先前我曾簡單提過，當你找到之後，關鍵字會協助你篩選衣服，你可以輕易淘汰掉不適合自己的衣服。

我覺得關鍵字像是一道咒語，也就是喚醒自己的步驟，要把很期待的自己呼喚出來。當找出關鍵字後，你會在一團混亂中理出頭緒，也會比較釋懷，理解為什麼自己不需要這麼多衣服。

以我為例，我的關鍵字是簡約、俐落、專業，方向明確，那麼太過可愛或是日系的衣服，就會先被篩選掉，在購物時也能做到精準消費，不會被不符合自己需求的衣服迷惑。

找到自己的風格後，該如何應用呢？

接下來的任務，是找到更多的關鍵字，更深入地去想，比方說，為什麼我的關鍵字是簡約呢？是因為我希望能展現專業性，給人形象乾淨、俐落穩定的感覺。

如果關鍵字是多變，那又是希望什麼樣的多變呢？是想展現創意還是藝術性呢？再多想一層，能幫助我們和自己的關鍵字連結更深。

要如何檢視自己的衣服和關鍵字有沒有關聯性？可以看著現在想要穿的衣服，去幫它下關鍵字，比方說如果下的關鍵字是「簡

約、俐落、優雅」，衣服的圖案的元素會比較少；下的是「可愛、活潑、少女」，衣服上的圖騰會比較多，顏色也會比較粉嫩多變；如果你想要有女人味，你的衣服就是比較凸顯身材，露出的地方會比較能展現女人的曲線，比方腰腿、鎖骨或肩頸。

找到關鍵字後，就是檢視自己的衣著有沒有符合，連帶著配件、鞋襪、休閒服、睡衣，這些都是有連帶著你的風格關鍵字的。

⌂ 以點數計算衣服元素，決定風格

在我教會客戶使用關鍵字聯想法，來改造穿搭後，我發現有的客戶會把很多俐落優雅的元素加在自己身上，但這樣一來，反而變得不俐落了。先前也提過一種「點數計算法」，除了可以幫助妳辨別不同風格的搭配方式，也可以讓你決定今天要穿得活潑還是優雅一點。比方說，衣服上的一個元素就算一點，衣領上的蕾絲是一點，衣服上的橫紋線條也算一點，依此類推，身上點數越多，會讓你的風格偏向可愛活潑，創意搶眼；點數越少，會讓人看起來比較俐落優雅。

⌂ 控制衣服的數量

控制數量，也是刪選衣服多寡的標準，衣櫃的空間有限，在生

活中較常穿著到的場合，衣物數量也有較高的比例，反之若不常出沒，衣服比例就不應過高。

首先要先分析你實際常出現的場合，以哪一類型活動居多，是外出活動多？還是在家活動多？例如你除了上班以外，很常往外跑，與朋友聚餐，那麼外出服的比例就可以拉高，但若你是經常待在家，偶爾才出門，居家服就可以選擇較舒適的款式，多套換穿；外出服則要控制數量，選擇適合自己的風格。

在確定風格後，每一種衣服無論是正式或休閒，都會更明確地展現出屬於你的風格。

風格會隨著不同階段轉變

那麼，風格會轉變嗎？

關於這個問題，我想分享一位客戶的故事。

她的衣櫥裡有很多收納櫃，但衣服還是多到塞爆，她覺得收納櫃可以做得更好。但我看了她的環境後，覺得衣櫥空間就是這麼大，她該做的其實是減量，而不是再添購收納櫃。於是，我請她把所有衣服拿出來，將衣服依據很喜歡、還好、不喜歡等，一一分類。

我發現一個很有趣現象，當客戶在做重複性指令的動作時，會慢慢講出心裡的話。她拿出一件水藍色、偏公主風的直筒洋裝，又拿出白色蕾絲洋裝說：「這是我以前最喜歡的衣服，但這已經

不是我了，現在的我比較喜歡美式風格。」這段話是一個關鍵，風格是會轉變的，就像是小時候的我們喜歡穿蓬蓬裙，但長大後可能會想變成熟有韻味的自己。因為現在的她已經期待自己變成一個比較率性、成熟的女性，所以衣服風格當然也會跟著轉變。

我們必須先察覺衣服想對自己說的話，讀取這些衣服最後留下來的訊息，可以更快讓人貼近期待的自己。衣服已經在提醒她風格轉換了，以前喜歡的衣服在衣櫃底層，不再穿了，此時就要正視這件事，把焦點放在現在以及未來想成為的自己，那才是你的風格。

當找到自己的風格，也會變成自信的來源，因為妳會開始相信自己將會成為喜歡的模樣，那個自信不是覺得自己無所不能，而是找到你的位置。知道什麼才是適合自己的，會感到特別踏實，你不會羨慕別人，反而能包容自己，那就是真正的自信。

你之所以為何會成為你現在樣子，都是有意義的，風格將會帶領你前往想去的未來。

原來我只需要一頂帽子
——阿奇的故事

⌂ 改變一點風格，輪廓更立體

阿奇說：「最可怕的是，我每天早上總是煩惱著今天要穿什麼。」

阿奇約莫 26 歲，大學畢業 3 年了，是一個擁有各種漂亮衣服、風格前衛、衣飾很有型的女性。但她不知道為什麼，擁有的衣服明明很多，卻總是覺得不夠穿，跟以前的我有著一樣的困擾，雖然擁有很多很美的衣服，但仍感到匱乏。

我開始檢測她的個人需求，分析她現在的工作，以及未來想從事的職業。阿奇現職是老師，同時正在念心理諮商，未來想從事顧問或是創意工作。對於以後嚮往的風格，希望是可以穿出自己的個性，帶點藝術氣息，因為希望當顧問，所以也需要一些正式服裝，展現專業度。

我拿出皮尺丈量她的身形，阿奇的體形屬於倒三角形，肩膀比腰臀寬一點，要避開強調肩部的款式，例如一字領、泡泡袖等，

才不會在上下比例失衡。

阿奇說：「難怪我對於一字領完全免疫，因為我怎麼試穿，就覺得怎麼怪。」了解身形，就能更明白為什麼，因此該如何選擇適合自己的衣服剪裁。

⌒ 找風格不是為了成為別人， 而是為了找到自己

我會想成為衣櫥醫生，是希望大家能在整理衣櫥的過程中，認識自己，找到自己的風格與喜好。就如奧黛麗赫本之所以成為經典，是因為她了解自己，知道如何強調她的天生氣質與優勢。

透過分析發現，阿奇希望自己有顧問的專業，但又能展現個性。

我先請她把所有衣服拿出來，分成：很喜歡、還好、不喜歡。當阿奇猶豫著是否要留下前幾年很喜歡的款式時，我告訴她：「其實適不適合，衣服會給妳答案。」這些衣服一拿出來，從外表就能看出充滿長久使用的痕跡，像是衣色泛黃、起了很多毛球，其實已經不適合再穿。

篩選完衣服後，我們合力整理出三大袋舊衣。接著重新規劃衣服收納的空間，讓衣櫥瘦身之餘，也能讓阿奇未來更有系統地檢索選穿。我也帶著阿奇認識衣服材質、清潔方式和收納方法，幫助她長久維持衣櫥整潔不亂。

我也發現阿奇的衣櫃裡，有五件長短不一、款式相異的駝色外套，和清一色的黑褲，以及數不清的襯衫……我抓起款式差不多的兩件襯衫，抬頭對阿奇說：「等等，妳不是有一件款式一樣的襯衫了？」

阿奇回答我：「呃，對，這是我當初忍不住包色買下的……」

許多人都有這樣的問題，每次都會買到風格相同、差不多剪裁與顏色的款式，所以衣櫃裡堆疊著類似的衣服、褲子，塞滿空間。我對阿奇說：「這兩件元素完全一樣，我建議你留一件就好。」阿奇顯得有些為難，不知如何取捨。

如果客人不是心甘情願跟衣服告別，這樣是沒有意義的。所以我會用專業說服客人，說明這件衣服為什麼不再適合她。

我請阿奇抓起其中一件衣服，嗅聞幾秒。我說：「衣服很久沒穿的那股味道，妳不覺得，很像是衣服對我們的埋怨嗎？我們買下它，卻沒辦法給它被看見的舞台，那麼何不給彼此自由？」

如同阿奇所說的：「清理衣櫃，不再是對自己毫無自制力的道德批判，而是好好審視過往的人生印記。」

清掉不需要的衣服後，我們更可以聚焦在如何展現阿奇的個人風格之上。阿奇的單品其實很充足，不用買更多衣服，衣櫃裡的樣式已經足以因應她所需。

她的衣櫃裡有大量英倫風衣裝，平常會穿去上課和教課、參加朋友聚會，但阿奇還是一直覺得自己缺了些什麼，感覺像是少了點自己期望、想要已久、可以更大膽有創意的那一塊。

我協助她整理到最後，發現她其實只需要一頂帽子，就能更加彰顯個人風格，有效解決她的困擾。

帽子是一種體積雖小，但變化幅度很大的單品。雖然只是一頂帽子，但戴上之後整個人會變得很不一樣，可讓原本外形產生極大變化；於是我陪阿奇去找一頂與英倫風相襯的格紋帽。

自此之後，我和阿奇成了朋友，當時她的衣櫃裡只有兩頂帽子，現在她變成一個帽控，也隨之邁向更多變有趣的生活。

> ## 在家也能自我改造TIPS
> ### 如何挑選帽子，創造風格態度
> 很多人會覺得自己臉太大，戴帽子沒這麼合適，但帽子是要根據你的臉來挑選的。
>
> 人的臉形大致可分成四種：倒三角臉、橢圓臉、方臉、圓臉。一般來說，大家會覺得比較協調的臉形通常是橢圓臉，因此，選擇帽子時可以掌握一個原則，那就是從帽子的頂點，沿著到帽簷兩側，來到下巴，整體若能呈現一個橢圓形，就會是視覺上協調平衡的輪廓。

倒三角臉

橢圓臉

方臉

圓臉

帽子頂點

帽簷兩側

下巴

選擇不同帽型，創造風格

棒球帽

休閒、隨興、男孩風格。
適合臉型：圓臉、長臉。
棒球帽是頗為流行的休閒帽款，
帽頂呈圓形且帽簷堅硬，帽子
上通常印有某支運動隊伍的
LOGO。

寬帽簷軟帽

浪漫、優雅、溫柔女性化風
格。
適合臉型：各種臉型皆適合，
可修飾臉型。
唯小臉要注意不可選擇太過寬
的帽簷，以免對比過大，顯得
臉太小。

漁夫帽

戶外休閒、率性風格。
適合臉型：長臉。
是一種常用在外出防曬的便帽。

鴨舌帽

英倫風、紳士、藝術風格。
適合臉型：圓臉。
鴨舌帽也稱為報童帽，帽體呈
圓形，較為飽滿，帽頂常常嵌
有一顆鈕扣。

巴拿馬草帽

紳士、優雅風格。
適合臉型：圓臉、方臉。
是源自厄瓜多的傳統有簷
草帽，顏色較淺、輕薄透
氣，適合在夏天與亞麻或
絲質衣物搭配。

貝雷帽

高雅、女人味、可愛
適合臉型：圓臉、長臉、菱形臉。
貝雷帽通常由軟羊絨製成，質軟優雅。

　　帽子還有相當多款式，當然不只以上提到的幾種，隨著各
種款式不同的戴法及設計巧思，也能創造不同風格，以上僅
例舉幾個常見的，提供大家穿搭參考。

擺脫性別框架，
風格由我決定
——蛙蛙的故事

某天我收到蛙蛙的委託信，與我分享關於她煩惱：

衣櫥醫生，您好：

不知是否尚未確認自己性別氣質的關係，我的穿搭風格一直偏中性，對於如何打理外貌，總是處在過度害怕、不斷受挫的困境中。有一回，我要跟多年不見的心上人約會，到了百貨公司，卻不知從何挑起適合自己的服裝。

因為扁平足、需要放輔助器的緣故，我只能穿寬頭球鞋，或是勃肯拖鞋。就算看到比較可愛或帥氣有型的鞋款，也只能含淚說今生無緣。我其實也很喜歡各種帽子、圍巾、眼鏡、甚至是別針與小布偶這類可愛小配飾，但我完全不知如何妥善搭配……

這世界上應該存在著看似中性、其實專為女性打造的穿搭風格啊！

🪝 性別光譜與穿搭

不知道是不是衣櫥醫生的個人特質，還是長了一副親和的問路臉，我常常收到真的像醫生與患者問診時那般，鉅細靡遺陳述「病況」的客人自白。

我讀到蛙蛙提到的「性別氣質」，覺得這個字眼頗為新鮮。不知道大家是否跟我一樣，好像可以理解，卻仍感到模模糊糊不知道出自何處，也不知道它代表的完整意思呢？

性別氣質其實來自於性別光譜的一種層次。以下引述哲學教育作家朱家安對性別光譜的說明：

> 「性別光譜」是現代性別平等教育的重要預設。大致上，它支持人的性別具有多種層次和選擇：
>
> · 生理性別（sex）：我出生時肉體看起來是雄性、雌性，或者？
>
> · 性別認同（gender）：我在多大程度上覺得我是男生或女生？
>
> · 性別氣質（gender qualities）：我的外表、裝扮、行為舉止在其他人眼裡看起來比較陰柔，或者比較陽剛？
>
> · 性傾向（sexual orientation）：我傾向於喜歡男性或女性？

根據性別光譜，人在關於性別的不同層次，都不只有各自代表「男」與「女」的兩種選擇，事實上還存在更多彈性空間。

在社會上，當我們談到性別時，各種組合都可能發生，也都真實存在。

因為這份工作，我有機會與各式各樣的人接觸，發現身邊有許多人也為中性穿搭所擾，因此特別以蛙蛙的故事來深入探究。

「知道自己的不同，卻發現大部分人不像你一樣，需要擔心這個問題時，心裡想必很孤單吧？」我這樣對蛙蛙說。

我想起之前有一位友人曾提過，她直到出社會後，才成為自己真正喜歡的樣子，在學生時期完全感受不到這種喜悅。

「妳看得出來，大家喜歡某些合乎社會規範或期待的特定模樣，但妳心裡很清楚，自己並不想追尋一樣的風格，但妳身在群體之中，又不想因此而格格不入，又或者是得勉強自己假扮成某種樣子，才能擠進團體中。」

於是我開始思考如何幫助蛙蛙。我請她先將嚮往的模樣貼給我，我把這些圖片貼在工作室的牆上，思考著如何找出她希望的模樣。

我看著這些照片，寫下她的穿搭關鍵字：學院風、日系、簡潔、大地色系、中性、可愛、知性，帶點帥氣，並且列舉她的需求：

1. **尚未確認的性別氣質**：上下半身各帶有 50% 陰柔與陽剛元素，不知如何平衡穿搭。

2. **希望稍微有點大人樣**：由於蛙蛙只能穿勃肯鞋和球鞋這給人比較輕鬆休閒的既定印象，因此總是覺得不夠正式。在與蛙蛙對話的過程中，我發現她認為自己無法表現出成熟感，有很大的原因是受制於自己的扁平足和有限的鞋款風格。

3. **她想嘗試看看運用配件混搭、與衣裝相得益彰的方法。**

兼具正式與休閒風格

我發現許多人跟蛙蛙一樣，對於所謂正式穿著和打理過的衣著，因為不夠了解，所以有不少刻板印象與想像上的限制，像是人們常這麼認為：「如果不穿著皮鞋，就無法成為成熟的大人」「如果只能穿球鞋，就沒有認真打扮過的感覺」等。

其實，在社交場合上有所謂的「正式休閒風」（Smart Casual），穿搭重點正是一半的正裝、搭配一半休閒元素。比方說，如果你下半身因為無法穿皮鞋，或只能穿球鞋偏休閒感覺的衣著，上半身就朝較正式的服裝搭配，像是襯衫、西裝外套、西裝褲等，就可以做到風格上的平衡。

「對自己的身形，有不滿意的地方嗎？」我一邊問、一邊替蛙蛙量測體形。

「我覺得自己手腳偏細，但軀幹圓滾滾的⋯⋯對！就像卡通《Keroro軍曹》裡的青蛙。然後，該如何說呢⋯⋯我的胸部大，雖然沒有想束胸，但也不希望胸部看起來很明顯。提出這樣的要求，我都覺得是否太超過了⋯⋯」

我收起皮尺，邊捲邊對她說：「雖然妳覺得自己肉肉的，對身形好像不甚滿意，但我從妳的胸、腰、臀尺寸來分析，妳的身形比例是好的，整體視覺給人的感覺其實十分協調。若妳真的有在意的地方，我們就局部修飾吧！」

「這樣也能救？」她雖然主動預約我的服務，但聽到問題能獲得解決，還是滿心疑惑。「其實我自己也看過許多穿搭教學書，也曾自己偷偷關起門來，按照書本的搭配方式試過，但就是做不到啊。」

我回答：「相信我，妳可以的。身形的修飾通常只要掌握幾個原則，並不難做到，等一下到有鏡子的地方，妳直接換上衣服，效果會更明顯喔！但我也在想，妳應該也很好奇自己到底要走什麼風格吧？」

我細細斟酌，推敲她心裡想望的關鍵字，覺得自己像在釣魚。「妳想要的是帶有中性女孩的帥氣，但又能兼具知性與可愛的穿搭風格？」

她聽到後一口銜住，正襟危坐起來，「我要！請說。」

「我剛測量了妳的五官，妳的人臉數值是中偏小，也就是照護者混搭夢想家風格（編注：請參考第六章「角色風格三原型」相關量測方法與

風格描述），可以自然風為主，增添一些夢想家的孩童可愛元素。原本的照護者角色原型就適合自然風的妳，擁有親和大方、沉穩幹練的特質，很能駕馭休閒穿著，妳剛好也喜歡這樣自由無拘束的感覺。舉手投足自然，不刻意做作，但因為妳不是純粹照護者，所以看到格紋、有個性的圖案、可愛的動物卡通圖樣，這些常使用在孩童衣著上的元素，才會不自覺地被吸引……」

我話還沒說完，蛙蛙就火速拿起一件格紋小圓領上衣，急著試穿，說這種紋路是她很嚮往的風格。等她換好上衣走出來，簾子一掀開，她就大聲呼救，這麼可愛迷人的小格紋，怎麼無法穿在她身上呢？

我跟蛙蛙分析，其實不是小格紋的問題，而是因為她胸圍較大，所以任何領口只要圍住或靠近她的脖子，就會讓布料在胸前覆蓋更多、更明顯；若是領口材質再厚一點，就會顯得上半身更加厚重。因此我建議她，應該選擇適當露出胸前部分肌膚的領子，就可以產生較為輕盈的視覺感受。

在與蛙蛙確認完她想要的風格後，我從外套開始找起，看了一眼她的圓領上衣，我老實地說：「其實 V 領能比較能創造垂直的視覺感，讓胸前不至太沉重……」

蛙蛙聽了，立刻打斷我說下去：「我知道啊，我也嘗試過V領襯衫，但是鈕扣和衣服之間會有縫隙走光的問題，好煩喔！」

因為 V 領襯衫加上她偏大的胸圍，對她來說會有曝光危機，她平常都習慣穿圓領 T-shirt。

我建議蛙蛙：「可以將圓領或 V 領替換成大 U 領上衣，或從
V 領襯衫改爲 V 領針織上衣。也可以穿上另一種顯瘦又視覺集中
的『Y 線條』，許多外套都有這種設計，能達到削減上半身沉重
感的效果。」

中性又帶有休閒成熟的穿搭

綜合蛙蛙的需求，我整理以下中性又帶有大人味的穿搭單品：

· **V 領柔軟針織外套**：幾乎囊括了親和柔軟的「自然」與成熟
  沉穩的「古典」風格。顏色可以選擇一般人不常使用、較
  鮮豔的顏色，兼顧蛙蛙的個性與流行感，垂掛幅度也剛好
  可以修飾臀部外側較寬部分。

· **襯衫裙外套**：擔心穿襯衫會曝光，其實可以在內裡搭上
  T-shirt，就可以做到完美混搭。敞開襯衫裙當外套來穿搭，
  也能擁有「Y 線條」修飾效果。

· **皮帶**：皮革製腰帶可以顯現大人品味，並在整體穿著上呈現
  畫龍點睛效果。在此也特別提醒，若想呈現大人味，千萬
  別選擇布皮帶。

  很多人認爲皮帶的功用是不讓褲子掉下來，其實皮帶的另
  一個作用，是可以劃分上下半身，繫腰帶的位置能決定下
  半身的長度。比方說，如果你想讓人看起來身材高䠖，就

要讓腿看起來修長，祕訣就在於「明顯劃分出下半身的起始線」，而皮帶就扮演這樣重要的角色。

・**卡其褲**：卡其褲是介於正式西裝褲與休閒牛仔褲之間的好選擇，也是一般人面試時可以接受的褲裝。

我列舉出蛙蛙的最佳視覺穿搭公式：

無論襯衫或 T-shirt 的內裡都可以搭的「襯衫裙外套 x 連帽外套 x 皮帶 x 卡其褲（也可替換成牛仔褲）」。若想再正式一點，就以「外套 x 襯衫」，或是「T-shirt x 皮帶 x 卡其褲」穿搭呈現即可。

我一邊講解蛙蛙的穿搭方式，一邊請她依照公式，套上襯衫裙外套，她原本不安和侷促的感覺消失了，身形明顯變修長，與原本的衣服產生明顯對比時，她看起來非常開心。

熱愛日文的她在試衣間大叫：「終於能穿上我喜歡的衣服了！好神奇，まほう、まほう、まほう（魔法、魔法、魔法）！」

「再跟妳說個小祕密：顯瘦關鍵在於露出手腕與腳踝。」我動手將她的外套袖子先折一折，再依照它的一半折一折「這樣兩邊就會摺起來剛好，不會有一邊長一邊短的樣子囉。」她努力做到指定動作，但鈕扣不太聽話。我笑著跟她說，把衣服脫下再做，會更好折。

「至於露出妳的腳踝嘛，可沒妳的手腕那麼容易。」

「我的確怎麼折都不太滿意，應該是不太確定是不是這個樣

子。」蛙蛙將腳尖點地，看著自己的褲腳。

「重點不在於妳捲起多少，而是你露出腳踝的多少。腳踝露得多就是農夫，剛剛好才會「歐夏蕾」（編注：日文的「おしゃれ」發音，時髦有品味的意思）。

我蹲了下來，幫蛙蛙調整成最適合的留白比例，祕訣是「一個拳頭寬」，我比劃給她看，並且將另一隻腳捲得高高的，讓她比較，看出兩邊的差異性。適度的留白正是視覺平衡且好看的關鍵。

「原～來～啊～」蛙蛙將三個字拉得好長，一直摸不透的原因，就是少了參考基準。有了基準的認知之後，接下來，我們離開試衣間，找間咖啡店坐著，將這些穿搭重點重新整理一遍。細節上都確認無誤後，我就在蛙蛙連聲的感謝與讚美聲中與她話別。

隔了一個禮拜，她傳來一張照片，說自己非常驕傲，事隔一個禮拜仍能準確無誤的捲出合宜比例的褲管與袖子長度，還會自由變化出適合自己、舒適又有造型的風格打扮。

經過仔細分析後，蛙蛙的身體密碼解開了，也找到了適合自己的穿搭公式，無論男裝女裝、正式或休閒，都能輕鬆駕馭，做出自己喜歡元素與風格的中性裝扮，並且重新看待自己所擁有的衣服、配件，與原本感到不自在的身體部位。這一件件衣飾變成元素，與她的人起了化學變化。

蛙蛙重燃穿搭信心，躍躍欲試，決定好好大玩一番「換裝遊

戲」了。成爲男生或成爲女生再也不會困擾她，在中性穿搭也能穿梭自如。因爲重點永遠是自己，不是別人。

在家也能自我改造TIPS

改變配件，輕鬆轉換風格

對我而言，選對鞋子，會帶你到更好的地方。一雙鞋的選擇，更對個人風格有著深遠影響。

請看插圖中的兩位模特兒示範，鞋子雖屬於整體穿搭的一個小配件，如果換上帆布鞋，是不是就變得活潑俏皮？換上瑪莉珍鞋，就變得像淑女般優雅多了？同一件洋裝，會因爲一雙鞋而產生截然不同兩種感覺，輕易地轉換風格。

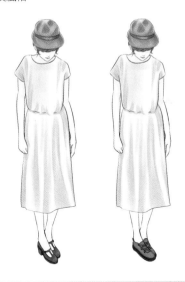

同一件洋裝，穿上瑪莉珍鞋，會給人感覺像淑女般優雅，穿上帆布鞋，會給人感覺活潑俏皮，風格截然不同。

◠ 鞋襪的篩選與搭配

鞋子雖小，卻能大大改變風格，那如果一買錯，我的風格是不是就跟我的人不搭了？

別擔心，我只是用這樣的方法提醒你：「你的目光不該只放在鞋子上，而是將目光放回自己與原有的衣服，以及整體的穿搭。」

每個人的衣櫥裡，其實已有一定風格存在，只是明不明顯罷了。就算你說自己的風格尚未確立，但平常選衣服的喜好和習慣，應該在好幾年下來，就逐漸養成了吧？

我想說明一個觀念，衣櫥醫生相信的穿搭，絕對不是讓你全部打掉重練，或是請你穿上覺得不自在的衣服，只爲了讓你變好看。這就是造型師與衣櫥醫生的差別所在，前者是造型師的工作，他們聚焦在整體的氛圍有沒有符合拍攝目的，而我們則是聚焦在你身上，依據你現有的衣服、生活、工作的需求，替你選適合工作生活的衣飾。

清點你的衣櫃，就會理出你的衣飾風格脈絡，可以粗略分爲經典、典雅、性感、休閒、創意、時髦……，你只要記得兩大類：「休閒」與「典雅」。

「休閒」風格類型的衣服，選的鞋通常為不會有跟、包覆性與機能性較被重視，所以鞋頭不可能尖；又因為要保護腳趾，通常是圓頭。

休閒風格選鞋

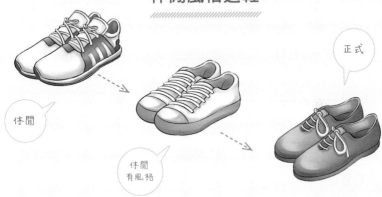

休閒

休閒
有風格

正式

「典雅」或可稱女性化、淑女款的衣服，通常可以搭配的鞋，會長得像是娃娃鞋的變化版，鞋子會貼合著腳，形成一個弧度。「休閒」與「休閒有風格」通常無太大差別，但選擇「正式」的鞋子時，則會選擇鞋頭略尖的高跟鞋。

典雅風格選鞋

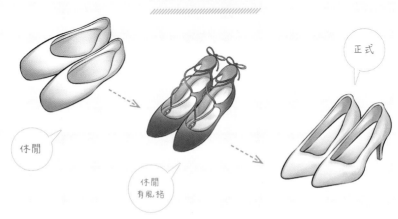

休閒

休閒
有風格

正式

我的客人有兩種，一種是真的不知道要穿什麼，另外一種是嘗試各種風格後，還是不知道要穿什麼？

「那就換雙可愛又顯眼的襪子吧！」我時常給敢嘗試又想突破自我的客人這樣的建議。服裝其實就是自我的展現，但如像襪子這樣不太起眼的配件呢？就更是真實的展現自己的地方！

我讀過一篇名叫〈你喜歡穿怪襪子嗎？〉的報導，觀點十分有意思：「一項發表於《消費者研究雜誌》的研究提及一種理論，那些不符社會規範的人，可能比守規矩的人擁有更高的社會地位，且能力更強。若一位事業有成的西裝上班族，卻穿著一雙粉紅襪子，代表這個人內心有『選擇的勇氣』，或許潛意識中個性有些叛逆。」

愛穿怪襪子的人比較聰明？他們懂得「主動」挑選襪子顏色或款式，跟總是「被動」隨便套上襪子的人相比，在對事情的看法及做法上，會更有想法和覺知，且具有足夠自我意識，自然顯得聰明伶俐。

所以明天不知道要穿什麼的時候，不妨穿顏色簡單、圖樣可愛的襪子試試看！或是在交際應酬的場合，觀察一下大家的襪子，找到「可愛襪子的主人」，前去誇獎他，或許又是開啟另類交流的好話題！

勃肯鞋相當適合與襪子搭配，可以呈現不同個性。在日系的穿搭裡，很流行可愛的襪子顏色與勃肯鞋混搭，就像襪子配上涼鞋的穿搭方式一樣，勃肯鞋通常給人比較休閒的感覺。若喜歡怪怪

的、有點可愛的小元素，可以在襪子的花色上自由選擇，若不想
要搭配太過突兀，可以選擇襪子與鞋花樣相近的色系。

　　了解鞋子的款式及對應的搭配原則，掌握風格轉換的小技巧，
就能因應不同的場合、生活狀態，選擇自己想呈現的風格。

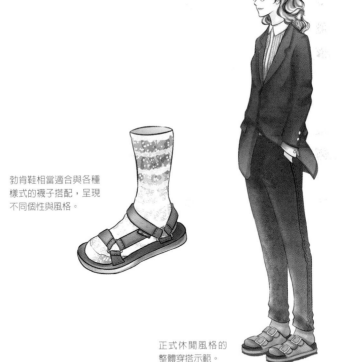

勃肯鞋相當適合與各種
樣式的襪子搭配，呈現
不同個性與風格。

正式休閒風格的
整體穿搭示範。

第六章

三分鐘找出適合你的
穿搭風格

角色風格三原型自我檢測

你是夢想家、照護者，還是領導者？

你曾有過這樣的經驗嗎？一見到面，也說不上為什麼，卻能感覺眼前的人大概有著什麼樣的性格。比方說，有些人看起來總是很容易被問路，有些人總是不怒而威，有些人則忍不住讓人想對他分享自己的心裡話。

其實人的五官如同身形一樣，經過測量分析五官帶給人的感覺，可以讓你更清楚適合自己的穿著風格。

坊間分析人臉比例的運用並不少見，像在醫美領域的應用上有所謂「黃金比例」，「三庭五眼」的意思正是將臉的長度分成三等份，臉寬則是五個眼睛長度，越接近這樣的比例，就越能達到完美的黃金比例。

以下這套方法，是我透過上百個客戶人臉的比例分析，再輔以我設計出的性格傾向問卷調查之後，所歸納出的結果，大家在家就能自我檢測，十分方便。根據你算出來的人臉數值，可以分為大中小三種量感，簡單歸納出各自對應的三種角色原型如下：

☐ **小量感**——天真可愛的夢想家

☐ **中量感**——可靠溫暖的照護者

☐ **大量感**——成熟大器的領導者

首先，第一步是量測你的五官量感，依照黃金比例原則，測量你的「臉長」與「內輪廓」高度的比例。

如圖所示，所謂「臉長」，是從臉部中央的髮際線位置，垂直往下直至下巴的長度；而「內輪廓」高度則是眉心到唇心的長度。

黃金比例的標準是：內輪廓／臉長＝3／8＝0.375。算出自己的人臉數值後，對照以下表格所揭示的範圍，就可以找出你屬於大、中、小哪一種量感的角色原型：

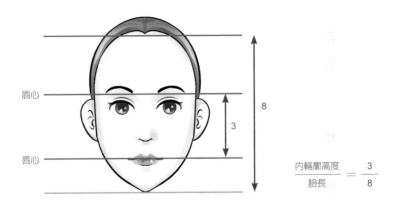

人臉數值	量感區間	角色原型
0.30-0.33	小量感	夢想家
0.34	介於小量感與中量感間	介於夢想與照護者間
0.35-0.375 （黃金比例）	中量感	照護者
0.38	介於中量感與大量感間	介於照護者與領導者間
0.39-0.44	大量感	領導者

比方說，你算出來的數值是 0.33 ，也就是小於0.375黃金比例，又落在小量感區間時，你的角色原型就屬於夢想家；而介於中間值的人，則是照顧者；大於黃金比例，並落在大量感區間的人，則是領導者。

這套方法我也稱之為「角色風格三原型」，因為可以在很短的時間之內幫每一個人分類，我也就可以依此判斷客戶的喜好和穿搭的難點在哪裡，以及他們的五官帶給別人的感受。

我曾服務過的客戶大都知道，人的五官與體形透過綜合分析之後，就可以大致分為這三種角色原型，可說是影響一個人穿著風格的最源頭，也會深深影響別人如何看你，以及你如何看待自己。

這套檢測方法能幫助我快速測知客戶的穿著困擾、個人喜好，並在衣服堆裡找到最適合現在的客戶的衣服。如果運用得當，一個人的「個人風格」馬上就會跳出來，再不然最起碼，也能避免踩地雷。

很多人在測試之後也才恍然大悟，為什麼有些人給人的感覺是可愛，有些人則是漂亮；穿上某些衣服時，看起來特別不順眼，或對特定種類的衣服情有獨鍾。這些都可以透過本章的自我檢測得到解釋。

我也發現，找不到個人風格的人，往往是不了解角色原型帶來的影響力，不會使用角色原型替自己增色。

你一定遇過這種情況：買了網拍或是穿上一件自己滿喜歡的衣

服，覺得：「這是○○風格，很好看。」但周遭人卻說：「那是ＸＸ風格，才不適合你！」這樣心碎的時刻吧？或是你明明想嘗試某種風格卻選錯，而誤以為自己永遠不適合。

其實，就像電玩角色一樣，我們每個人都有屬於自己的「人物設定」，包含頭髮、服裝、妝容，你只是還不清楚自己的人設。在這種情況下，只想一味遮這裡、遮那裡、顯瘦姚高，卻穿上不屬於你角色原型的服裝，自然難逃格格不入的命運。

先找出自己的角色原型，才能確實掌握你展現在外的風格。

精準找出你的性格傾向

接下來，因為有些人會測出介於小量感或中量感、中量感或大量感之間的數值，只要再搭配以下我所設計的「角色三原型性格傾向問卷調查」，哪一種原型算出來的分數最高，就代表你越傾向那一種風格，這樣一來，就可以更精準找出自己適合的角色原型與穿搭風格。

當然，也有一種情況是兩種算出來的分數一樣高，那麼你仍必須同時參考兩種角色原型的風格。

更精準的測量，請參考以下衣櫥醫生結合「角色三原型性格傾向問卷調查」，來了解自己到底屬於哪一種角色原型！

角色三原型 性格傾向問卷調查

請選擇最貼近你的描述，最相近是 6，最不相近是 1：

夢 想 家

自我提問	分數					
我看起來比實際年齡小	6	5	4	3	2	1
別人會說我私底下的肢體動作、表情豐富多變	6	5	4	3	2	1
我總是很敢於表達自我的想法	6	5	4	3	2	1
無論職場或平常長輩緣特別好，大哥大姐也很喜歡照顧我	6	5	4	3	2	1
遇到不公平的事，我會覺得特別難受，想要伸張正義	6	5	4	3	2	1
大家都說我人很好，很快就能打成一片	6	5	4	3	2	1
我總是被說外表像個大學生，專業很難被肯定	6	5	4	3	2	1
我很愛嘗鮮，有時候被說像小孩子	6	5	4	3	2	1
我對身心靈很有興趣，直覺特別強	6	5	4	3	2	1
我很能駕馭各種風格，形象多變	6	5	4	3	2	1
夢想家總分						

照 護 者

自我提問	分數					
我總是不小心得知別人的心事	6	5	4	3	2	1
不熟的朋友會突然告訴我一件很私人的事	6	5	4	3	2	1
很多人說我善於傾聽，跟我聊天很舒服	6	5	4	3	2	1
在聚會裡我通常不是主要發言人	6	5	4	3	2	1
我很容易讓人產生信任，通常擔任助手、助理職責，或是被指派小組長	6	5	4	3	2	1
路人不知道為什麼問路、尋求協助都會找我	6	5	4	3	2	1
我喜歡維繫平衡，不會有太極端的立場	6	5	4	3	2	1
大家都說我很中性	6	5	4	3	2	1
男性化的衣服穿在我身上會有點邋遢	6	5	4	3	2	1
女性化的衣服穿在我身上怪怪的	6	5	4	3	2	1
照護者總分						

領 導 者

自我提問	分數					
我不是脾氣不好，只是天生臉臭	6	5	4	3	2	1
大家說我慢熟，一開始給人距離感	6	5	4	3	2	1
我高中的時候曾被誤人為是大學生或社會人士	6	5	4	3	2	1
常常要很努力不要讓人覺得我很顯眼	6	5	4	3	2	1
莫名其妙就會被大家拱為負責人	6	5	4	3	2	1
當我講話時大家通常會安靜下來	6	5	4	3	2	1
大家通常讚美我漂亮 / 帥	6	5	4	3	2	1
我很可以駕馭氣勢超強的衣服	6	5	4	3	2	1
太女性的衣服不太適合我	6	5	4	3	2	1
我做事很有一套自己的規則	6	5	4	3	2	1
領導者總分						

夢想家總分：＿＿＿＿＿＿

照顧者總分：＿＿＿＿＿＿

領導者總分：＿＿＿＿＿＿

你的角色原型（最高分的）是 ＿＿＿＿＿＿ ！

更多角色三原型
自我檢測說明

自我檢測結果出爐時，還可能出現一種特殊狀況，那就是如果五官量測出來的數值明明是夢想家，之後做「角色三原型性格傾向問卷調查」時，卻得出領導者這樣位於光譜兩端、天南地北的結果，那該怎麼辦？

△ 檢測結果極端者，請以五官量測結果為準

根據我檢測過上百人的經驗顯示，確實有可能出現這樣極端的狀況，但機率可說是少之又少，因為大部分人五官檢測的數值結果，都與性格傾向提問的結果相去不遠。

但如果真的發生這種狀況時，建議以五官量測結果為準，而非一下子從夢想家跨到領導者，或是從領導者跨到夢想家，做出這樣極端風格的轉變。更精確一點來說，突然從夢想家跨到領導者，會需要付出更大的努力，才有可能做到精準呈現。我以自己做為示範，你可以看出來從夢想家跨到領導者，在妝容與衣飾上的極大不同與轉變。

當然，這並不是說，你若測出是夢想家，以後就只能受限於此，而是依我的經驗，你在做夢想家的風格打扮時，會相對省力與得心應手。你當然也能多花一些心力，嘗試其他不同角色原型風格，並加入自己的創意，在穿搭上保有玩興與彈性。

△ 是成熟／年輕，還是陽剛／陰柔？

接下來，我將分述夢想家、照護者、領導家三種角色原型的特色與風格。在描述過程中，我會經常使用以下字眼來輔助形容：成熟／年輕、陽剛／陰柔。因爲一個人身上與穿搭的衣飾，通常可以簡單畫分成這四種特質，我會依此做爲風格描述的起始點，來幫助你理解如何使用這些元素來調整個人風格與穿搭。

像是成熟與年輕的差異在於：成熟特質的人骨骼感明顯、臉部直線條較多、臉較長、眼睛橢圓或細長；年輕特質的人臉部五官曲線較多、較圓潤，面部留白較多，鼻長略短，原生骨骼不明顯，呈現平滑的模樣，有時候會因爲臉部較多肉難辨時，會需要用手觸摸確認。

而具陽剛特質的人臉部較大、眼神銳利（較能表現自我主張，因爲雄性激素影響力較強）、嘴唇細且薄長。與考古學分辨男性女性顴骨的方式相似，陽剛的骨骼眉骨較凸出，骨骼感和直線條明顯、有稜有角，下頜骨方正、顴骨明顯、眉眼間距窄，眉毛濃密有稜角（臉部特徵與成熟的人特質相近）。

具陰柔特質的人：線條滑順，整體偏圓潤感，眉骨平滑、顴骨不明顯、眼神平和（有些人會誤以爲這是沒精神）、垂眼、圓眼、嘴唇較豐潤、眉毛滑順或稀疏。

　　經過以上檢測說明，你也順利找出自己的角色原型了嗎？

　　接下來，我也特地邀請三位客戶朋友進棚拍攝，請她們準備過去常穿的風格衣著，與找到角色原型之後的穿搭轉變，做一前後對比。當然，這並不是要評斷每一個人過往的選擇，這些衣服想必也是你當時很喜歡才會買下，目的是讓大家清楚看見，「找到自己的角色原型時，你會是什麼模樣？」就讓我們一起來看看夢想家、照護者、領導家三種角色原型的特色與適合的風格吧！

衣櫥醫生示範領導者原型：
五官立體，大器俐落。

衣櫥醫生示範夢想家原型：
活潑、可愛。

衣櫥醫生示範照護者原型：
可靠、溫暖。

After

小量感
天真可愛的
夢想家

夢想家代表：張嘉玲

職業：創業家，社群經營公司老闆。

改造前：夢想家往往性情活潑、思想靈活，但這類型女性常因視覺年齡小，又想呈現專業感，會刻意打扮得過度成熟，反倒顯得沉重了。

改造後：夢想家其實很適合顏色明亮的衣物，領片靠近臉部會更有精神，加上一點衣飾，像是耳環、領巾點綴，小小元素就能增添活潑氣質。

你總是被人說，看起來比實際年齡小嗎？「可愛」大概是你最常得到的讚美吧？但年紀漸長，你是否希望自己不只是可愛，也想呈現專業的感覺？儘管已經出社會好一陣子，還是常常被人誤認是助理或學生？這就是夢想家帶給人們的感覺。

嘉玲是典型的夢想家，在成長過程中，她因為天生嬌小可愛，知道自己的外型缺乏成熟感，所以在正式場合時，為了增加資歷說服力，特別容易選擇中規中矩、符合社會規範的成熟淑女款襯衫，或像是黑西裝外套搭配白襯衫等穿搭。但由於這類「規矩」的服裝氣質與夢想家「跳躍、活潑、青春洋溢」的氣質不但完全相反，刻意成熟的打扮，也會吃掉原本的個人風格，反而感覺有些突兀。

夢想家如果遇上正式場合，建議身上一定要有一件硬挺的元素，襯衫是個好選擇，不妨嘗試多樣有設計感的領子，就能既保有夢想家的風格，又能增添成熟度。若是場合允許，西裝外套則可以選擇除了黑、灰以外的顏色。

夢想家還可能出現一種典型狀況，那就是因為視覺年齡小，容易穿得可愛無害、不夠專業。我的客戶K小姐是位腦神經科學家，也是典型的夢想家。我想到她可愛真誠的樣子，心裡彷彿浮現一條徜徉在山間的溪，每次爬山，在老遠的地方就能聽到遠處的溪流聲。K小姐正如溪流一般，當你在爬山時，遠遠地就能聽到她爽朗的聲音。

休閒、青春的打扮十分適合K小姐，然而她最大的困擾，就是

總拿捏不準休閒和正式衣著之間的分寸，結果就是穿搭常落在光譜的兩端。壓倒她按下衣櫥醫生預約鍵的最後兩根稻草，是她老聽別人對她說：「妳懷孕啦？」「日本研討會要穿的正式一點！」

穿著太過休閒，會讓人覺得撐不起全身氣場，明明是位專業的學者，或是某個領域的專家，但卻總是因為太過可愛，容易被人忽視個人專業度。

其實，如同溪水一般的女子，只要在不同環境選擇適合自己的流速，就能在森林裡自在流動。這類型的人視覺年齡因為較同齡者年輕，不了解或不熟識他們的人，只看外表的話，很容易對他們產生「資淺、年輕沒經驗」的預期心理，所以社會規範與他人對這類型人的要求，相對來講也較低；夢想家也因為擁有直率、勇於表達的特質，只要在正式與角色原型之間做好拿捏，就可以從外型輕易展現自己的肢體或想法。

After

Before

更多夢想家
Before
VS.
After

After

Before

⏥ 夢想家給人的感覺

· **特徵**：笑聲爽朗、聲音輕快、視覺年齡小。
· **個性**：夢想家原型的五官給人年輕、活潑、可愛的跳躍感，通常大家會比較讓著他，比較能夠做自己，也較容易遵循自己心裡的準則。個性親和與人為善，思想較為天馬行空，鬼靈精怪，有小聰明。經常不按牌理出牌，肢體和表情語言豐富，自我展現很直接地呈現，性格直率，富有理想性，同時又非常感性，心中充滿愛與希望。如果在成長經歷一直受到很好的照顧，夢想家可說是長大成人後三個原型裡，小孩模樣和特質保留最完整的人。
· **適合職業**：創業家、業務員、演說家。
· **適合髮型與妝感**：輕盈俐落、活潑、有變化。

⏥ 夢想家容易遇到的穿搭問題

夢想家為了更有說服力，常會選擇符合社會規範的服裝，就像嘉玲這樣，個人風格和存在感比較稀薄。或是會像 K 小姐這樣，因為給人的感覺較年輕可愛，學者的專業度反而不容易被他人看見。

透過穿搭，就能整合夢想家的角色特質與形象，像是 K 小姐的五官比較年輕，常給人可愛可親的感覺，對於像她這樣需要展現

成熟特質的夢想家，我會建議可以強調「胸、腰、臀、鎖骨」這些女性特徵曲線，並且選穿外輪廓線條明顯的衣服，會更能增添自身的成熟魅力。

可以將五官量感藉由穿搭及妝容，朝向較成熟的方向走，調整妝容，像是將眼妝畫得深邃，將眉毛加深加長，唇色選用成熟的顏色，選穿質料硬挺的衣物；以休閒形套裝取代過度嚴肅的正式套裝，也能保留活潑特質，並且適時提升專業度。

透過穿搭展現成熟與專業度，加上自己先天的同理心、正義感與創造力，遇到想做的事就會化身爲拚命三娘，夢想家的妳將能成爲前途無可限量的將才。

創造力和行動力，就是你們的超能力！

適合夢想家的穿搭風格

摩登風

有個性、時尚、標新立異、古靈精怪是這類型穿著最常見的形容詞，在用色上可以選擇鮮豔的衣著，以有視覺衝擊力的圖樣，或是圖騰不規則的剪裁，強調出視覺重點。

女孩風

有著天真浪漫個性的妳，適合有蕾絲裙襬、緞帶、碎花等多種元素集於一身的穿著。

少男風

像男孩一般帶點輕鬆、詼諧的模樣，可以穿著吊帶短褲、連帽外套，或是有著滿版圖案的T-shirt，在配件上可以戴著報童帽，搭配素色的T-shirt。

森林系

徜徉於大地的森林系女孩，也是角色原型夢想家的代名詞，擁有大地的元素，在用色較為明亮，材質選擇棉麻，有著小碎花圖案的洋裝，都是能呈現森林系女孩的衣著。

中量感
可靠溫暖的
照護者

Before

照護者代表：楊双子

職業：台灣文學小說家；默默耕耘的文字工作者；個性溫柔沉穩的她，常不小心變成陪朋友談心的「張老師」。

改造前：照護者的特質溫婉害羞，因為要有女性說服力，常會穿上過多陰柔元素，但這樣的特質過分強調後，反而看不出真實個性。

改造後：其實照護者也很適合偏中性或中性裝扮，像照片中明明是同樣一件上衣，但換了下身與配飾，注入陽剛元素，像是直線條、剪裁明顯的衣服輪廓，去中和原本可愛女性的感覺，不僅視覺上更俐落，也更能展現個性。

不知爲何，別人總是想要和你分享心事嗎？比起把自己的話說出去，照顧者的人更傾向靜靜地聽別人怎麼說。多數時候，你不會太有稜有角，也不輕易去批判別人，感覺任何東西丟給你都不會漏接，好似任何的聲音都可以適時接住。

　　角色原型爲照護者的人，五官適中平衡，有著中性特質，既溫柔又沉穩。通常異性緣和同性緣都很好，在穿著上宜剛宜柔，但在選穿柔美和陽剛的穿搭元素上，容易失去平衡。

　　有一類照護者，會刻意穿得比較女性，比如公主風洋裝，但總讓人感覺有些不太對勁。就像改造前的楊双子，因爲忽略自己的陽剛特質，而在穿搭上盡可能地「像個女生」。然而，這樣容易產生的問題是，由於過分強化「照護者」特質，別人容易期待你展現照護關愛的特質，讓你因此對他人過度付出，反而忽略了自己的需求，或沒能適時展現個性。就像我們看到的，有些照顧者會刻意選擇柔軟、飄逸、偏陰柔的衣服，雖然不會不好看，但個人存在感的強弱，從改造前後的對照圖，就能看出明顯落差。

　　其實，這類型的照護者只要在衣飾上加一些陽剛元素去平衡，比方硬挺背心、皮外套或牛仔外套，就能穿出照護者的個性，而不顯突兀。

　　還有另一種典型的照護者，反而會打扮得太過陽剛，被人當成哥兒們。像是我的客戶 M 小姐，她總是給人很好相處的感覺，這類型照護者非常有趣的地方在於，雖然她有著女性臉孔，卻完全可以想像，她若變成男生的臉孔會是什麼模樣。

M 小姐穿著中性，一件運動風衣外套、T-shirt 加牛仔褲就可以出門，但卻發現男生常常不把她當成女生，總是把她當成哥兒們。

　　通常會被說是中性的照護者，都會像 M 小姐這樣被異性當成小男生，對於女性的身體、中性的氣質，還有單一的服裝二分法：男裝、女裝，都深感困惑，因此沒辦法真正享受穿搭的樂趣，穿著通常非常休閒。

　　M 小姐意識到自己不能再一直這樣下去，希望改變現有穿搭風格，變得比較有女人味。

　　後來我陪她去挑衣服時，建議她可以露出一點鎖骨、手臂、脖子，搭配一件比較有造型的中性軍裝裙，保持剛柔元素的平衡是搭配重點。

　　我和 M 小姐相處的過程中，沒什麼負擔，常在不自覺中會想對她分享一些我自己的事，內心話也不知不覺變得較多，可以很自然地對視，輕鬆相處。我當時心想，她果然是典型的照護者呀！

　　需要特別注意的是，因為許多人都會對照護者說出自己心裡的祕密，很可能會導致照護者不小心分割太多時間給別人，反而忽略重要的人，也忘了在穿搭上好好照料自己。因此經常變成傾聽者的照護者，還有一項最大的生活課題，是要學會人生的排序，別被別人稀釋掉真正重要的時間。

After

Before

更多照護者
Before
vs.
After

Before

After

△ 照護者給人的感覺

· **特徵**：值得信賴、性格沉穩、中性、眼神散發溫和光芒。
· **個性**：照護者原型的人，五官中性，給人平穩、安全感，容易獲得大眾認可，讓人產生信賴感，通常生得一張「問路臉」，也就是大家特別喜歡向他們問路。照護者也是絕佳的傾聽者，人們喜歡找他們訴苦。適合成為輔助他人的角色，像是副班長、總務股長，或小組長型的人，在同性之間較沒有殺傷力，往往給人包容性強的印象。
· **適合職業**：祕書、社工、心理諮商師。
· **適合髮型與妝容**：中長髮，淡妝，裸妝。

△ 照護者容易遇到的穿搭問題

　　因為照護者沉穩又樂於付出的天性，常會強化外在女性特質，這反而過度強調了照護者風格，導致太過為他人著想，忽略了自己；另一方面，也因為臉孔較為中性，常會被異性當成哥兒們，反而忽略了女性特質；又或者，照護者很多時候其實根本分不清陽剛與陰柔的服裝元素為何。

　　以下是服裝的陽剛與陰柔元素，供穿搭選用參考：

服裝的陽剛元素

款式：面料硬挺／厚重／設計多直線條、外型輪廓多直角、尖角。

顏色：對比色、彩度高、低明度、撞色。

圖案：大花、大幾何、豹紋野獸圖紋、直線條、大格紋。

服裝的陰柔元素

款式：多曲線，如公主澎袖、不規則線條、垂墜感、柔軟、輕薄。

顏色：明亮柔和的顏色、帶灰的顏色。

圖案：小格子、橫條紋、圓點、排列規則的圖騰、小字母、小動物、小碎花。

透過適當且平衡的搭配，能整合照護者的人格特質與外在形象：

如果你是總花時間聽人訴苦、沒時間好好照顧自己的照護者，建議可以在衣飾上增添一些陽剛元素。

如果你是老被當成好哥兒們、希望展現女人味的照護者，建議可以在妝容上做些調整，加強嘴唇的曲線、眉毛的輪廓，讓妝容更明顯，並畫上睫毛、眼線。也可以多添加一些陰柔元素，像是布料可以選擇較柔軟的洋裝或上衣，小露鎖骨，穿著剪裁合身、展現曲線的衣服。

也請特別留意，無論陽剛或是陰柔的元素，做為點綴即可，過量反而會有反效果。通常我的改造原則是，會分配一半的陽剛元素、一般的陰柔元素在照顧者身上。

適合照護者的穿搭風格

自然風格

中性休閒外套、格紋襯衫、牛仔褲，
像是美式的休閒風格，最適合隨興溫
和的你們。

英倫風格

彬彬有禮的形象，帶點知性的
美感，是照護者很能駕馭的樣
子，以風衣外套、長格紋裙、
短靴，展現低調的優雅。

簡約風格

安靜、沉穩、溫和，大概是照護者最常見
的形容詞了。選擇剪裁俐落、質感好的衣
料，像是高領羅紋衣、圓領棉質上衣，像
這類線條比較流暢的衣物，身上沒有太多
墜飾，非常適合性情平和簡單的你們。

After

大量感
成熟大器的
領導者

Before

領導者代表：謝金魚

職業：作家；「故事：寫給所有人的歷史」網站創辦人之一；研究ICT供應鏈與網路發展趨勢分析師。

改造前：領導者天生英氣逼人、骨架與個頭偏高大，但成長過程中，這類型女性常被要求收起陽剛味，反而會穿上很多可愛、甚至可以說是貼近年輕女孩元素的衣服。

改造後：即使五官陽剛，也可以穿出大器成熟的風格，同樣是深藍色的裙裝，但只是減去衣服上的可愛元素，就能展現出更成熟大器的感覺。

請試著回想，在大家都還不認識彼此的時候，你是否莫名其妙就被選爲班長？或是明明團隊才剛組織起來，就當了組長？五官量感爲大量感的你們，以有著一張讓人看了會覺得可以交付任務的臉，甚至可以說是天生的領導者，，別人看到你時，會不自覺地感到有些敬畏，願意順服於你。

　　這類型的人，在我的客人中比例是最少，但也是隱藏最多眞實自我、改造前後改變最大的一類。角色原型爲領導者的人，通常眼睛大、鼻子高、睫毛長、嘴唇豐潤，五官輪廓明顯，以亞洲人的審美觀來看，長相偏豔麗或帥氣，或長相太特殊少見，無法分類，常被認定是帥哥、美女型，通常衣服能撐起大器的衣服，或是很有設計感、剪裁比較俐落的衣服。

　　謝金魚的角色原型正是領導者，所以帶有陰柔元素的衣服，像是飄逸、小動物圖案穿在她的身上，反而壓下了她原本的領導者氣勢。其實她當天來到攝影棚進行改造時，一出口就擁有掌握全場氣氛的能力；改造後穿上符合領導者風格的衣服，更是豔光四射，大家瞬間就被她的氣勢抓住目光。

　　通常領導者原型在亞洲地區比較少見，因爲風格偏歐美，所以領導者常有找不到風格的感覺，一旦找到，風格改變幅度最大的也是他們。

　　我的另一名客戶 N 小姐，還記得第一眼看到她時，眞覺得她比較有距離感，不笑時臉滿臭的，但實際相處過後，會發現她人很好，既健談又好相處，不過只要不笑，就會讓人害怕。

在兩性關係中，領導者通常也處於主導位置。N小姐是公司高階主管，長相亮麗，能駕馭各種風格的衣服。女人味的、帥氣的、可愛風、具現代風格、剪裁特殊，或是材質柔軟、溫柔婉約的衣服，統統都堆在衣櫥裡。因為天生就是衣架子，衣櫥也呈現大爆滿的狀態，不知道該如何篩選風格，是領導者常會遇到的問題。

另一個挑戰是，領導者較有威脅感，但這和本人的真實個性無關，說起來實在很無辜，她們會感到備受孤立，覺得自己脾氣也沒有特別不好，但人們卻不太容易接近自己。

我遇到有些角色原型為領導者的客戶，甚至會因此素顏，或者刻意穿得邋遢，避免讓別人覺得自己太銳利。事實上，如何駕馭自己的鋒芒，活出自己強大的氣場，又不致於太過銳利，且能服眾，這是領導者原型普遍最需要學習的人生課題。

After

Before

更多領導者
Before
VS.
After

Before

After

⌂ 領導者給人的感覺

· **特徵**：成熟、大器、氣場強
· **個性**：領導者原型的人，五官給人成熟、大器、醒目的感覺，氣場大有壓迫感，工作能力表現出色，有自己領導和判斷能力，給人一種距離感，沒有表情時比較兇，也有渾然天成的威嚴。
· **適合職業**：管理者、企業家、明星、政治人物、網紅等意見領袖。
· **適合髮型與妝容**：增加髮型的成熟感。臉上的顏色可以下比較重，例如紅唇、黑眼線、長睫毛，這類豔麗精緻的妝容。

⌂ 領導者容易遇到的穿搭問題

有一種領導者，讓人覺得臉臭、有距離感。透過穿搭，整合領導者的人格與形象：我的客戶珍珍是位部門主管，個性其實平易近人，但生得一張不笑就會被人覺得臭臉、脾氣差的長相，因此會希望自己能拉近與別人距離，不要這麼鋒芒畢露。

許多事情沒有一定的規則，端看自己需要的是什麼，再去做調整，雖然領導者原型的女子很適合豔麗的妝容，但是也容易產生距離感，因此最好的做法是將自己的打扮稍微往小量感的方向

調整，像是把妝容調淡，服裝選擇柔軟有垂墜感的元素，讓外輪廓線條比較溫和，讓氣場弱化，也就不會那麼氣勢凌人。

以金魚為例，當她穿休閒的衣服時，若沒有注意妝感，會很容易流於隨便邋遢的感覺。

還有一種領導者容易遇到的穿搭問題，是因為長相亮麗，幾乎每種風格都能駕馭，當然也因為不確定風格，所以什麼都想嘗試一下，衣櫥因此很容易爆炸。

解決方式：無論是穿搭困境，還是衣服太多，這都是取決於生理心理和社會的影響，因此對於怎麼找到適合自己的風格，我覺得測試五官量感是一個初步了解自己的方法，因為許多人其實根本不知道，自己天生的長相很適合某些風格，像是戲劇、前衛、浪漫、波西米亞的打扮，都是很適合領導者原型。不過除此之外，還是要考量自己真正的需要，思考想成為什麼樣的自己，在有限的空間中，精選最能展現自我的衣物，而不是把什麼風格的衣服統統都搜刮進衣櫥，才是根本的解決之道。

⌂ 適合領導者的穿搭風格

戲劇、前衛風格

恭喜氣場強大的你們，很能撐得起較前衛，
具戲劇性的衣服喔，像是皮衣，帶有金屬釦
環、亮片，或是用色大膽、對比性強烈的服
裝，穿在你們身上完全無違和感，絕對是全
場的焦點人物。

浪漫風格

布料柔軟，露出曲線，低胸，長裙擺，大
帽簷，波浪長捲髮，俐落大方，像這樣充
滿女人味的打扮，完全就是為了妳們量身
打造的。

波西米亞風

遊走於大地間自由的靈魂，大圖
騰，花長裙，竹編髮帶，黑墨
鏡，帶點狂野不羈的波西米亞女
子，也是領導者很適合的模樣。

第三部
衣櫥

第七章
了解你的
衣櫥空間

爲衣物找到理想家
──衣櫥空間規劃

　　在重新整理衣櫥之前，先了解衣櫥空間，有助於後續的規劃與收納的工作。

　　收納的關鍵是決定物品放置的位置，也就是幫各種衣物找到適合的家。衣櫥就像衣服的房間，要讓衣服住起來舒適、自在，就要幫它們找到對的位置收納，這取決於衣物使用者本身的使用習慣，需要依據每個人的穿搭方式，做出邏輯性的安排。

　　右頁是一個整理前的衣櫥，也是我打開客戶家衣櫥時，常見的狀況：吊掛起來的衣服不多，胡亂塞在底下的衣服卻很多；衣櫥門一打開，爆滿的衣服、衣架像土石流一般，隨之滾落一地；塞進一些不屬於衣櫥的雜物，比如一堆紙袋、行李箱等；收納櫃、抽屜半開，或根本滿到塞不回去；還有許多人家裡的椅背上，也常亂披掛許多衣服……

許多人家裡的椅背常像這樣，隨意披掛許多衣服。

凌亂堆置的各
種配件與不明
雜物。

衣服亂塞亂
堆,一開衣櫃
門,就成了衣
物土石流。

收納櫃、抽屜
經常半開,或
根本滿到塞不
回去。

塞進不屬於衣
櫥的雜物。

衣櫥通常分成上中下三個區塊，以自己的身高來區分衣櫥空間，從眼睛到肚臍的範圍，是中間區域，也就是你最常使用的空間，適合放置常穿的外出服，也適合吊掛衣物，例如毛衣、洋裝、襯衫、褲子、裙子等。

　　上方區塊是眼睛以上的高度，因為比較難拿取東西，可以放比較輕巧的物品和換季衣物，例如夏天的草帽、拖鞋、棉被等。

　　下方區塊則是你必須彎腰或蹲下使用的高度，可放置厚重的東西，比如鞋子、較重的褲子等，也常會設置收納櫃和抽屜，像是用來收納內衣褲、居家服、運動服等。

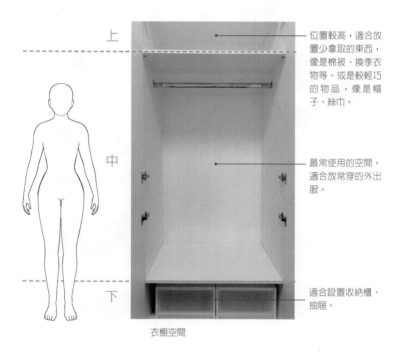

上

位置較高，適合放置少拿取的東西，像是棉被、換季衣物等。或是較輕巧的物品，像是帽子、絲巾。

中

最常使用的空間，適合放常穿的外出服。

下

適合設置收納櫃、抽屜。

衣櫥空間

再來，要測量衣櫃的長寬高，就像設計師規劃你的房間一樣，會先了解人的動線、需求空間和使用方式，才知道空間有多大？收納用具該買幾個、該買多大？

　　關於收納用具的挑選，在購買之前，你需要依據測量好的衣櫃大小，來進行購買，收納用具要挑選同一色系或同一材質，視覺上才會整齊一致。比方說，統一用木頭或麻的收納箱，統一用白或透明的收納箱，統一用不鏽鋼籃等，如同我們在擺設房間時，也會特別注意家具色系搭配，在收納箱的選擇上也是如此，衣櫃裡看起來才不會雜亂無章。

　　那麼衣物該如何配置呢？衣櫥裡的物件要按類別收納，帽子一區、居家服一區、外出服一區，包包一區，同性質的東西聚在一起，也只放同一個地方，東西才容易找，也更好收納。下一章我們會談到更多關於收納配置的原則與技巧。

如何改造衣櫥

　　幫客戶改造衣櫥、重新規畫收納空間之前，我堅持一定要將所有衣服都拿出來，其中一個原因是，衣服需要藉由人的觸碰，才能真正傳遞感受；再者，如果衣服長時間待在衣櫃裡，你可能根本不知道它的存在。

　　那麼改造衣櫥時，我們如何決定哪些衣服該丟該留？本章先說明整理分類的方法。下一章再進一步分享，改造衣櫥後，決定留下的衣服，又該如何保存收納？

☖ 全部下架、整理與分類、重新上架

　　改造衣櫥的流程其實很簡單，就是「下架」、「整理與分類」、「上架」而已。但其中有不少原則與訣竅，如果無法掌握，整理起來就會事倍功半，甚至不得其門而入，這往往也是許多人無法順利整理好自家衣櫥的原因。

　　首先，把衣櫥裡所有東西拿出來，也就是我常對客戶說的：先將衣服全部「下架」。唯有將所有衣物拿出來一一檢視，才能判斷是否為自己現階段所需要的。

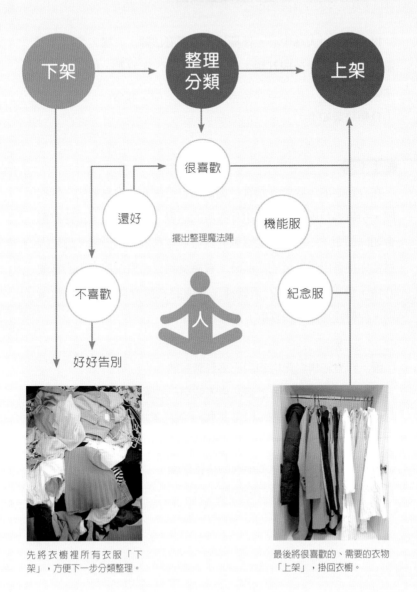

衣櫥整理改造
流程圖

下架 → 整理分類 → 上架

很喜歡

還好

機能服

擺出整理魔法陣

不喜歡

紀念服

人

好好告別

先將衣櫥裡所有衣服「下架」，方便下一步分類整理。

最後將很喜歡的、需要的衣物「上架」，掛回衣櫥。

👔 如何選衣：哪些衣服該丟該留？

接下來，以人為中心，像擺出「整理魔法陣」一樣，將這堆衣服山環繞著你，分成五類：很喜歡、還好、不喜歡、機能服、紀念服。

分類訣竅如下：

很喜歡

在分類之前，我會先請客戶先找出自己真的非常喜歡的一套衣服，引導客戶說出自己對這件衣服的感覺。找出之後，這件衣服會如同領頭羊一般，其他喜歡的衣服會自動跟著跑出來。這是因為當你挑選出最喜歡的衣服時，會感受到自己對這件衣服的喜愛心情，就會形成一個心情磅秤，其他的衣服會自然產生輕重區別，你便能知道「很喜歡」的標準何在。

> 眼：穿上它會對鏡中的自己感到滿意嗎？
>
> 耳：穿上它會感覺耳邊響起別人或自己的讚美聲嗎？
>
> 鼻：穿上它會想多花些小巧思點綴，例如香水、配件之類的嗎？
>
> 舌：穿上它會特別有自信，感覺想犒賞自己、對自己特別好嗎？
>
> 身：想到它心理會有沉甸甸的踏實感嗎？
>
> 意：穿上它會有雀躍輕盈的感受嗎？

全部整理完後，就可以把這些「很喜歡」的衣服，再一一「上架」，也就是掛回衣櫥。

還好

什麼樣的衣服歸類在「還好」呢？只要是你覺得這件衣服沒有達到「很喜歡」同等的喜愛程度，比方說，這是你以前很喜歡的衣服，只要沒有和現在的「很喜歡」等重，就可以把歸到「還好」這一樣。以及任何你覺得有點猶豫的衣服，也都直接歸到「還好」這一類。過程中的動作要果決，拿起來，決定好，放下，練習憑自己的直覺決定。

在我服務客戶的經驗裡，「還好」這類衣服，通常是最多的一類。當你猶豫不決自己喜歡還是不喜歡時，代表這件衣服背後通常有很多的想法與故事，因此這類衣服往往會傳達最多訊息給你。有時衣服老師會像這般，比你的大腦更快、更誠實地告訴你「是時候要改變囉」的線索。

接下來，得在「還好」這一類裡繼續細分出「很喜歡」，還是自己其實已經「不喜歡」這些衣服了。

我在服務客戶時，會一邊問幾個問題，引導他們做出最後的決定。經過以上淘選過程，我的經驗是：大部分衣服都無法再回到「很喜歡」那一類。

以下提問可以幫助你進一步思考，自己是真的「很喜歡」這些衣服，還是其實已經「不喜歡」了：

- 不知道如何搭配的衣服。→放到「不喜歡」。
- 這是理想的自己很想試穿的衣服，與現實的自己不符。→放到「不喜歡」。
- 網拍買錯、需要改尺寸才能穿的衣服。→放到「不喜歡」，或送去改衣服再穿。
- 心裡想著瘦了再穿的衣服。→放到「不喜歡」。
- 風格與現在自己的服裝關鍵字相左。→放到「不喜歡」。
- 不知道哪裡卡卡的，可以參考前面的身形、顏色、風格。→與自己身形、顏色、風格不符的衣服，放到「不喜歡」。
- 紀念性、別人送的，割捨不了→放到「紀念衣」。
- 材質柔軟舒服，比起外出服，比較適合當睡衣、居家服。→放到「居家服」。

不喜歡

那些你完全沒想試穿，或是很確定自己再也不想穿的衣服，就可以直接歸類在「不喜歡」。知道自己為什麼「不喜歡」，也是向衣服老師學習最好的機會。你可以在捨棄這類衣物時，感謝與複習衣服老師給你的教導，幫助你不再重蹈覆轍。

機能服

居家服、運動服、內衣、發熱衣、保暖衣，這類都算是機能服。

紀念服

　　和你有很深的感情聯結的，都歸類爲紀念服，比方說媽媽買給你的衣服、生日禮物，對現在的自己有很深情感連結的物品，都先分在這一類，最後再處理。

　　其實還有一類衣服，我也很常在客戶家看到，那就是「忘記還給誰的衣服」。比如跟姊姊借的、兒女長大離家後留在家裡的，或是某某親友寄放在你這裡的衣物。這類衣服我也稱之爲「待辦事項衣物」，建議你將這些衣物裝入紙袋，並注明是誰的，這麼一來，等你下次有機會還給對方時，就可以立刻找到，並順利還給對方。

擺出整理魔法陣

　　在整理的過程中，還有一些小訣竅，可以幫助你更省力、更快速的完成。

　　我深深覺得，整理是跟時間拔河，在我服務的經驗裡，整理6小時已是人的極限，拖的時間越長，人會越沒耐性，也就越不想整理，所以需要一些技巧與原則方法，幫助自己更有效率地完成。

　　比方說，整理最忌諱累，我常遇到客戶「一看到不屬於衣櫥的東西，就想起身走去擺放在正確的位置上」，爲了一個物品歸

位，往返是兩段距離，五個物品往返就是十段距離！這就是為什麼很多人覺得整理「付出很多，成果還好」，是投資效益很低的事情。

因此在一開始整理前，我會提醒客戶，讓自己盡量放輕鬆，人不要一直走動，而是待在固定位置，做分類衣服的動作，也就是衣物最好都放在你伸手可及之處。

具體該怎麼做呢？將所有衣服下架後，我會請客戶坐在衣服堆的中心位置，讓衣服圍繞在人的四周，這樣就可以坐著專注地幫衣服分類，就像擺出「整理魔法陣」一樣（編注：請參考P227「擺出整理魔法陣」），讓這些衣服映照你的真實內心，陪伴你整理順利進行，人也就不用一直走過來、走過去，浪費體力。

試試看，以你為圓心，畫一個圓，把自己圈在衣服堆裡面，讓人固定坐在原地分類，維持下半身不動，只動雙手和上半身，以最小幅度的動作來篩選衣物，這麼一來，體力就不會消耗太快，有助於你加快整理進度。

有沒有擺出「整理魔法陣」差很多，當衣服團結在一起圍繞著你的同時，衣物的聲音會放大，讓人很難說謊。我曾經試過硬著頭皮說：「這件衣服是我很喜歡的……」結果耳邊馬上傳來：「真的嗎？真的嗎？」像回音一般的聲音迴盪在腦海之中，於是我又重新分類一次。

我遇到滿多客人分享自己之前的整理經驗，有些人花了很多時間，在整理過程中拿起衣服、走到鏡子前試穿，或是想到「啊！

這是姊姊的衣服」，就站起來還給姊姊，中途一直走來走去，不停被打斷，結果就這樣從白天整理到天都黑了，還是整理不完，只好再把剩下的衣服堆回衣櫥裡。整理到一半的衣櫥，不但沒多久就亂了，也讓自己身心俱疲。

因此整理要一股作氣，可以多利用這些小技巧，如果你心思游移，或是身體不斷遊走，就會變得很沒效率，反而影響整理意願。讓自己一次專心在一件事、一個動作指令上，將衣服「拿起來、分類、放下」只要三個動作，節奏輕快地快速粗分，相信自己的感覺，就能很快做完。

之後將「很喜歡」的衣服上架時，也有一些好用的小技巧，像是「省力上架法」：先坐在地上，一一套好衣架後，最後再一次全部掛回衣櫥，你就不用每套好一個衣架，就得伸手掛回一件衣服。

還有「先上架厚衣服」：因為厚衣服體積大，你先做完這部分，就會覺得留在地上的衣服一下子少了好多，心理上會感受到整理進度似乎很快，幫助你更快完成上架動作。

更多衣櫥
改造前、改造後

Before

After

Before

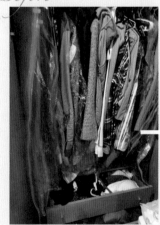

After

更多衣櫥
改造前、改造後

Before

After

After

第八章

輕鬆維持，
衣櫥不再塞爆混亂

保持衣櫥不再混亂四步驟：
整理、收納、歸位、維持

很多客戶總是花大把力氣整理好衣櫥之後，過不久又亂了。其實只要找對方法，衣櫃空間就能維持不亂。維持，是衣櫥整理的最後一個階段，要能真正做到永久維持，需要4個步驟才能達成：整理、收納、歸位、維持。按部就班執行，你家衣櫥從此不再塞爆混亂。

△ 整理：挑選、分類

如前一章說明，整理的第一步，就是把衣櫥裡的所有東西拿出來「下架」。接著將這堆衣服山「分類與整理」，分成：很喜歡、還好、不喜歡、機能服、紀念衣物。等全部整理完了，再把淘選過後的衣服一一「上架」，也就是掛回衣櫥。

△ 收納：決定衣物擺放位置

將衣服「上架」掛回衣櫥，並不是你想怎麼掛、怎麼收，就怎麼做，這樣可能過沒多久，衣櫥又變回亂糟糟的老樣子。

接下來會引導大家，如何透過系統化、邏輯性的規劃，來收納衣物，也就是讓衣物找到適合的位置，包括需判斷自己的使用習慣，像是常穿的衣物要放在好拿取的地方等。將衣物擺在對的地方，就如同人要找到對的位置，才能適得其所。

收納又分成看得見的收納，與看不見的收納。

大多數的衣物是看不見的收納，比如襪子、內衣、絲巾、居家服、帽子，都是收進收納櫃或抽屜裡。

看得見的收納很重要，也就是吊掛的衣物，因為裸露在外的收納，是聚集在眼睛到肚臍的範圍，通常大家最常使用或是最喜歡穿的衣服，都屬於這一類。

關於衣服的收納方式，可以分成折疊與吊掛兩種，接下來會從哪一類衣服適合用折的、哪一類衣服適合用掛的？如何折衣與掛衣？以及各類衣物的收納配置，來一一說明。

折衣

居家服、運動服等機能性衣物材質比較柔軟，可以折好放入衣櫃，增加收納空間；外出服像是襯衫、大衣、毛衣，因為常穿出門，需要直觀的方式來挑選，因此最好都掛起來，如果只是折起來，不但不易挑選，也容易忘記自己到底有哪些可以穿出門的衣物。

折衣服要採用直立式折衣法，優點是衣服能夠一目瞭然。如果像一般衣服店展示的方式，從下到上一層層堆疊起衣服，許多衣

服就會壓在底下，你根本不知道自己的衣櫃裡原來還有這一件；找衣服時，也很容易把堆好的衣服弄亂。直立式折衣法則可以直接拿到你需要的衣服，也不會影響到其他衣服的收納與整齊度。

直立式折衣法大致如下：

1. 先將衣服鋪平之後，折成一個長方形。
2. 將長方形分成三等份，手刀切下去，就會呈現可以自然站立的樣子，再一一立起來排好即可。

好好折衣服，也會把自己喜歡它的感受投注進去。當你好好折，一一觸摸，衣服會知道自己果然是被你需要與被愛的，自然會與你產生情感連結。許多人覺得折衣服很麻煩，就把衣服統統吊掛起來，但這樣做反而讓衣櫥收納空間變少。

老實說，我也覺得折衣服很麻煩，所以衣服的篩選就很重要，留下的衣服都要是自己喜歡的才行。

我需要折疊的衣服很少，因為真正喜歡的衣服是不會太多的，像是我的居家服，冬天一套、夏天兩套，有件數上的限制，就不會不耐煩。如果將不耐煩的情緒帶到衣服上，折起來不但較為匆忙，立不大起來，皺褶也很多，穿出去就會覺得不太自在。

但如果每件衣服都是自己喜歡的，在折衣服時就能一一檢視現狀，一件件慢慢折，過程就會變得輕鬆且療癒。也因為數量少，花不了太多時間，衣服受到好的對待，自然穿起來舒服也美觀。

衣櫃抽屜中所擺放的折疊衣服，分類越簡單越好，像我會將衣

物分成上半身和下半身。我遇過有些人，會分很多不同功能的居家服，反而太過複雜，之前我有一位客戶，光是居家服就分成去倒垃圾的、到一樓領信的、在家穿的、去便利商店穿的，衣櫥裡放滿居家服，幾乎塞不下其他衣服。一個人真的需要這麼多套、這麼多功能的居家服嗎？

讓一切簡化，祕訣就是居家服也要穿得好看自在，就不會覺得連穿到樓下也不敢，也就不必分這麼多套。

將居家服、運動服、裙子、內搭服、內衣、襪子等不同類型的衣物折好，直立式收納進櫃子裡，可以很清晰明白地知道每一件衣物的顏色、數量。

許多人常常會找不到自己的衣服，原本喜歡的衣物也一直不見，大多是因為被疊壓在不喜歡的衣服底下去了，於是相同款式的衣服一直買，導致衣櫃一堆相似的衣服，衣櫃裡一團混亂，也花了不少冤枉錢。其實只要像上述這樣分門別類收納，也就不會再發生找不到衣服的狀況。

掛衣

外出服是我認為最需要吊掛的一類，因為我們每天出門前，都會想今天該穿什麼衣服好，當吊掛出來後，就能清楚知道自己有哪些選擇，也好做搭配。

然而，吊掛衣服的數量也不宜過多，許多人的衣櫥吊掛滿滿的衣服，幾乎沒有空間挪動，連拿出來都困難，遑論悠哉挑選。

我的原則是，將吊掛的衣服維持八分滿，也就是仍有空間挑選衣服。在吊掛時，可以將衣服甩一甩、動一動，讓新鮮的空氣進入衣服裡，不僅能讓衣服透透氣，也能撫平皺褶。

吊掛的作用在於，可以清楚看見想搭配的衣服，所以冬季的發熱衣也可以吊掛起來，只要是外出穿搭用得上的，都算外出服。但吊掛冬季毛衣時，常會因為衣物太重，而在肩線處留下衣架痕跡，建議可以將毛衣對折後，採披掛方式，就算再久也不會被衣架掛壞。

還有另一個小技巧，可以幫助自己意識到穿衣的頻率，那就是掛衣服時，可以先把衣服全部反掛，穿完後再掛回去，就能知道什麼衣服是自己比較常穿、什麼衣服是還沒穿過的，也能幫助自己過濾淘選放進衣櫃的衣物。

見過這麼多人的衣櫥，我發現衣服比你更早知道心裡的答案。人的大腦有很多考量，覺得這件衣服買貴了，丟掉浪費，覺得或許未來有機會穿，又怕丟了沒衣服……但是請思考一下，衣服的作用是什麼呢？**衣服是為了成為自己想要的模樣，才來到每個人身邊，絕對不只是一件精美的擺飾。**

那麼，丟棄了這麼多衣服之後，留下的那些可說是突破重重難關、來到我們身邊，才算是真的精挑細選後適合自己、也能帶領我們走向更好未來的衣物。

所以好好的折衣服、吊掛好衣服，讓它們能夠好好在衣櫥裡休息，善待這些衣物，不也正是善待自己嗎？

各類衣物收納配置

居家服及運動服收納：居家服和運動服的材質比較柔軟，適合放在抽屜裡，用直立式收納分類，一目瞭然，也更節省空間。

居家服一定要有件數限制，否則衣櫥根本沒空間擺進去。空間不論大小，本就有限，如果衣櫃塞了過多只能在家穿的衣服，就沒有多餘空間留給更能發揮個人風格的外出服，實在可惜。

居家服的件數可以用洗衣頻率來思考，大多數人一週洗一次衣服，因此冬天居家服大約三套，夏天容易流汗，頂多四套；運動服也可以保持一樣數量。

也請把握兩個原則，居家服除了要有「實用性」，也要「好看」。許多人的居家服都是將不能外穿的衣服當成睡衣，像是起了毛球的衣服、破了一個小洞的T-shirt、尺寸過大的襯衫，結果堆滿整個衣櫥。這些衣服雖然穿來舒服，卻陳舊有瑕疵，一點都不好看，或者是穿起來雖然好看，但一點也不輕鬆。

請想想，這真的是你想要的嗎？臨時有客人來，或是突然要下樓拿封掛號信，都會覺得不好意思，一點都不方便。因此，居家服請挑選穿起來自在舒適，兼具「好看」與「實用性」。

外出服收納：我建議大家將常穿的外出服統統吊掛起來，因為要是藏在看不見的地方，通常會忘了自己還有這件衣服。只要注意留八分滿的空間，讓衣服有空間喘息，自己挑衣服時也才能清楚翻看。我的原則是，在衣服與衣服之間，也就是衣架與衣架之間，留大約一個手掌的空間，才不會在視覺上看起來太擠，，太

擠的衣服會被隱藏起來，看不到，自然就穿不到了。也能讓衣櫥空氣保持流通，衣服不易悶出怪味。

內衣褲收納：內衣褲是比較私密的貼身衣物，可以不用放在顯眼的位置，不過因為使用頻率高，每次洗澡都要換穿，所以最好收在抽屜外層。

包包收納：包包只需要依使用場合分成三類：工作用、日常生活用、正式場合用。

其實真正在過精準生活的人，包包數量不會多，因為常用的只有那幾個。像我自己只有三個包包，一個電腦包，平時出去開會或者生活時使用；一個名牌包，用在比較正式的場合；一個是很大的、像醫師在用的公務包，是我到客戶家裡服務時使用。

當你以情境場合分類時，會發現自己的包包根本不用太多，幾個就好。若習慣出門買東西時要用個小包包，只需放錢、鑰匙、手機就夠了，像這種包包，同樣以場合來分類，也屬於生活用的包包；或是只要有一個像這樣的小包包，平常把它塞進另一個同樣也是生活用的大包包裡，一大一小，也就夠了。

包包的收納方式分為兩種，可用書擋夾住，或是利用掛包包的架子，掛在衣櫥裡。購物袋只要一個，平時捲好收起來就行了。

配件收納：配件的形狀複雜，形式各異，當樣式不統一時，若不收好就容易混亂，像皮帶、項鍊、耳環，若疊放在一處，很容易糾結纏在一起，不但不好拿，也可能導致物品損壞，是收納這類東西最差的方式。

配件的收納方法越簡單、越統一越好，比如用一個蘿蔔一個坑的方式、好好安置所有配件，耳環放進一格一格透明收納盒，可以控制總量，又一目瞭然。

帽子則可以一個接一個往上疊放，節省擺放空間。在此也分享一個小祕訣，最下面的帽子裡，可以塞進一個書檔，就可以幫助帽子保持挺立，不因隨意壓放而變形。

👔 歸位：固定化過程

讓物品維持在固定位置，時間久了，自然習慣這項物品就是要放在這裡。衣服也是一樣，當一開始謹慎決定好某一類衣服擺放的位置，衣服就已經找到家了，接下來，你必須讓它習慣一直待在這個家。

前面整理與收納兩步驟之所以動作繁瑣、做了許多準備工作，就是為了之後讓物品順利歸位。只要依照固定的使用情境，知道某類衣物放在某一處，讓自己閉著眼睛也知道東西該放哪裡，日子久了便會成為習慣。

才剛換穿一套衣服，做出一個改變，如果沒有嚴謹地持續歸位，很快就會恢復成老樣子。當東西又亂了，會讓人慌張，但假設你知道衣服的位置，就算亂了，也可以快速收好，這就是為什麼有些人的衣櫥就算又亂了，還是可以很輕鬆地回復原狀。

🪝 維持：留時間給自己檢查

　　每天只要花上幾分鐘，留意一下四周是否亂了，比方在睡前，檢查東西是否放到該放的位置，這就像牧羊人到了傍晚，看看羊兒是不是都回家了？對待衣物也是一樣，無論衣服是今天陪你曬了陽光，還是去辦公室跟你一起做簡報，或是剛從洗衣機拿出來、洗得乾乾淨淨，還是仍丟在地上、穿過的襪子，都要好好放到該去的地方。

　　這些動作不會花費太多時間，只要養成習慣，就能輕鬆擁有理想的衣櫃與生活空間。

　　關於衣物清洗也是常見的困擾。若沒能定期定量清洗，也會造成衣櫥或生活空間的混亂，難以長久維持。我建議可以用洗衣籃容量來控制數量，準備一大一小的洗衣籃，大的放洗衣機清洗的衣服，小的放需用手洗的衣服。

　　之前我常感困擾，洗衣前沒能做好分類，導致每次都要重頭分過才能洗，便覺得洗衣服真是件麻煩事，再加上一次手洗太多衣物，真的令人感到厭世。

　　利用洗衣籃空間，就可以有策略地控制洗衣習慣：洗衣籃像個衣服鬧鐘，看到小的洗衣籃滿了，就能提醒自己可以手洗衣服；大的洗衣籃滿了，就提醒自己丟洗衣機清洗，再也不會累積過多，疲於洗衣。

　　穿過一次後不會馬上洗的衣服，很多人會順手亂丟在椅子上、

床上，甚至是地上，衣物丟得到處都是，搞得整個家裡亂糟糟。我曾經試過一種方法，把穿過的外出服丟在一個籃子裡，結果一陣子就滿出來了，反而亂成一團。後來我發現，穿過的外出服必須限量，否則還是容易堆滿家中各處。像是把外出服吊在門後，可以放一套暫存的衣服，也就是穿過一次後、暫時不會洗的衣服，以及另一套是明天要穿的，不要過量。若是又出現一套暫存服，就把前一套拿去洗吧。讓門後保持兩套衣著，衣服就不會堆滿整個房間。

精簡、整齊、少量是維持重點，但仍要回歸人性化

　　環境要想維持不亂，整理與收納就要盡量掌握精簡、整齊、少量原則，因為看得見的收納若不擺放整齊，整體看起來就會特別凌亂。

　　像是可以將同色系的衣物掛在一起，視覺上會更整齊統一。或是在衣架左邊掛長且重的衣物，右邊則是輕、薄、短。根據近藤麻理惠的說法，當你手舉起時，往左會感到比較沉重，往右則心情會揚起，我自己試過後，感覺真是如此；另外，右邊集中輕、薄、短的衣物，會在下方多出一個空間，可用來擺放收納用具，以及折疊的衣物。

　　不過我在服務過許多客戶後也發現，要求每個人將衣物分顏色放，視覺上雖然比較整齊劃一，但其實生活上對一般人並不方便，衣櫥畢竟是真實生活的空間，若連顏色也如此要求，未免不大符合人性需求。

　　因此我雖然在為客戶服務時會這麼做，但實際上並不要求大家一定得照做，維持衣櫥仍應回歸人性化，貼合真實的生活空間。

結語

向過去好好道別，
活得更像你自己

　　改造衣櫥時，很多人沒辦法理解為什麼要丟衣服，也覺得非常浪費。但其實當你真正丟掉衣服時，才能解讀衣服帶給你的訊息，而這些訊息，將是你未來不再亂買的重要線索。

　　我偶而會收到一些朋友傳來訊息，想問衣櫥醫生：「有沒有收舊衣？」可以感受到對方急切地想把這些燙手山芋，放到一處有人需要的地方。

　　但很可惜，我這裡沒有收舊衣的服務，我甚至可以想見他們家除了拿出來的這些衣服，還有很多、很多、很多仍堆在家中深處。因為他們沒有好好正視這些衣服，其實心裡已經把它們視為不想要的東西，卻還試圖當成禮物送給別人。

　　當人們用這種逃避的心情送出東西時，就會再繞一個圈，又轉回自己身上，形成逃避的惡性循環。這時該做的是正視這些自己創造出來的麻煩，也就是衣服傳達給你的訊息，練習「不逃避」的功課。

△ 很遺憾的，多數不要的衣服就是垃圾

所以，這就是爲什麼我們必須捨棄不適合的衣物，因爲丟棄才是正視問題的開始。

很多人會覺得，衣服可以捐給弱勢團體，是在做善事。但你知道嗎？事實上舊衣回收供過於求，因爲廉價、大量生產的快時尚產品，每個人都丟出了許多自己不要的衣物，慈善團體收到的二手衣數量龐大，但是轉售的二手衣爲數卻不多。多數消費者仍選擇購買新衣物，原因很簡單，衣物便宜，款式又新穎，二手衣銷售的數量於是永遠趕不上人們買新衣又捐出去的速度。再加上這些二手衣的庫存、管理、店面租金成本，都需要額外負擔，過量的二手衣反而造成慈善團體的困擾。

有些人可能會說，現在也有環保回收材質的衣物呀，但其實衣服再造的成本很高，設計師得從成堆的舊衣中，挑選適合的布料，再經過一連串處理、設計剪裁，才能製作出一件衣服。但對於消費者而言，回收再造的衣物相對昂貴，也不大能接受爲什麼要花比較多的錢買舊衣再造的產品，因此還是偏好選擇廉價當季的衣物，這就是市場眞實的現況。

在此我很遺憾地提醒大家，絕大部分你不需要的衣物，其實都是垃圾了。

⚲ 讓你的衣服成為你的老師——正視衣服留下的訊息

如何面對過往錯誤、不再製造大量二手衣物，學會解讀這些需要丟棄的衣物傳達給你的訊息，就成了重要關鍵。

在你學會解讀之後，這些衣服通常有一份禮物要送給你，可能是想提醒你現在的體態，年末似乎是時候為自己的健康做新規劃；可能看到這件衣服會讓你想起一個人，也是時候鬆綁自己長年一直為物所牽動的心情。

在服務的過程中，我有時覺得自己像是衣服的翻譯員，我很看重這些衣服留下的遺言，將每一件衣服想說的話解讀給客戶聽。

分享我一個客戶小羊的故事，是關於界線的問題，這也是許多人會遇到的狀況。

我一打開衣櫃門，立刻被她空蕩的衣櫥給嚇壞了。

「這樣的場景，我實在無用武之地啊。」我狐疑地轉頭看向小羊。

小羊終於開口：「我老是覺得奇怪，我對自己擁有的衣服都沒有什麼喜愛的感受，總覺得這不是我的東西。」

我請她將衣服攤開來檢視，一件問過一件，我才發現，怎麼都是朋友送的衣物！

「說真的，妳覺得別人送妳衣服，這樣真的好嗎？」我說。

「什麼意思？」

「妳把自己剛剛說的話再重複一次，放慢一點。」

「朋‧友‧把‧自‧己‧不‧要‧的‧衣‧服‧給‧我。」她一個字、一個字清清楚楚地,把這句話說給自己聽。

小羊從未檢視這些衣物留下的訊息究竟是什麼?因此不斷丟衣服。她常常不知道怎麼買衣服,回家穿了才覺得懊悔,朋友看她衣服少,就把自己不要的衣服給她,但這些衣服也不被小羊喜愛,最後也是逃不了被丟棄的命運。

⌂ 設定界線,才能迎接自己想要的衣服

「妳常常接收別人不要的衣服。不是出於自己意願迎接回來的衣服,怎麼會被妳認定為自己的衣服?這也是為什麼妳一直無法真心喜愛。」

小羊露出恍然大悟的神情。

「很多人把不要的衣服送人,往往是自己無法承受丟衣服浪費的自我譴責,所以將這種逃避的心情轉嫁給妳。妳覺得,當對方送出這件衣服的時候,心裡想的是捨不得衣服?還是妳真正的需求?」我少見地嚴肅起來。

她突然脫口而出:「我覺得衣櫥是自己的私人領域,但我常常無法設下界線,就會像這樣在不經意間讓人越了界。」

小羊是個聰明的女孩,一點就通。他人越界其實並不是出於惡意,往往是他們也不清楚對方的界線何在,或是別人根本沒有對此表態的緣故。

後來，我們將他人送來的衣服都捨去之後，從現有的衣物素材裡，撿選適合她的元素。不足的部分，我們也一起列出整個衣櫥規劃裡的必須單品，為她做一次購物服務。之後，她驚嘆連連地將新買的衣服當場換上，開心地表示她終於擁有自己真正喜愛的衣服。

不只是小羊，大部分人的衣櫥也是像這樣，沒有界線地讓不喜歡的衣物進來。透過拆解丟棄衣物所留下的遺言，明白自己的衣櫥究竟患了什麼病症，才能對症下藥。

⌒ 人會成長與轉變，衣服的風格也是

衣服老師常會傳達的另一個訊息，則是風格的轉換。

我有位客人在整理自己的衣櫥時，會做出重複性的動作，拿起、分類、放下，此時心裡的聲音會更明顯。

我聽見她喃喃唸著：「我現在喜歡的是比較美式休閒的風格，又希望有點女人味。」我因此很明確地知道，她現在想要走的是美式風格，但那些讓她猶豫不決的衣服，都是比較日系、軟調的風格，是以前的她喜歡穿的衣服，和她口中的這些形容詞根本搭不上邊的。

仔細看看她的舊衣服，會發現大部分已經泛黃，透露出她現在沒什麼在穿了，這就是衣服想傳遞的語言。

想像一下，如果衣服是人，他會希望自己總是被丟在衣櫥的角

落，每次挑衣服時都直接略過他嗎？想必他也會覺得自己不受尊重，心裡很難受吧。

由此可知，衣服留下這位客人正在經歷風格轉換的訊息，以前的衣服已成為過去式，不符合現在的需求，此時應該好好感謝過去的衣服，把這些不穿的衣服處理掉，才是真正善待他們的方式。讓現在需要的衣服有空間進來，也能更珍視眼前喜愛的衣物。

當你對未來的想望越來越清晰時，舊的衣物會如同一層剝落的皮，但大多數人會把自己的屑屑再撿回來放在自己身上，或是丟給別人，這是因為我們過去的教育，讓自己捨不得丟棄。

我的看法是，衣物的更新是一種自然的流動，就像新陳代謝作用，你怎麼會容忍自己的衣櫥沒有流動？

離開我們的衣服，化作春泥更護花，就像是葉子的凋零，會帶給你養分，你的衣櫥也會經歷一個循環，未來的模樣會更加清晰，讓自己活得更像自己。

在家自我診療紀錄單

日期：

姓名：	性別	男 ☐ 女 ☐

身形數據紀錄：

肩寬：

胸圍：

腰圍：

臀圍：

綜合分析結果：

身形：

個人色彩：

角色風格：

附注：

國家圖書館出版品預行編目資料

衣櫥醫生，帶你走入對的人生 / 賴庭荷著. -- 初版. -- 臺北市：究竟, 2019.12
 256 面；14.8×20.8公分 -- （第一本；99）

 ISBN 978-986-137-286-0（平裝）
 1. 衣飾 2.服裝 3.生活指導
423.2   108017661

Eurasian Publishing Group
圓神出版事業機構
用心與你對談‧視野無限寬廣

究竟出版社
Athena Press

www.booklife.com.tw   reader@mail.eurasian.com.tw

第一本 099

衣櫥醫生，帶你走入對的人生

作　　者／賴庭荷
採訪整理／鄭雅文
封面暨內頁攝影／陳佩芸
插　　畫／米　可
發 行 人／簡志忠
出 版 者／究竟出版社股份有限公司
地　　址／台北市南京東路四段50號6樓之1
電　　話／（02）2579-6600‧2579-8800‧2570-3939
傳　　真／（02）2579-0338‧2577-3220‧2570-3636
總 編 輯／陳秋月
副總編輯／賴良珠
專案企畫／沈蕙婷
責任編輯／陳孟君
校　　對／賴良珠‧陳孟君
美術編輯／金益健
行銷企畫／詹怡慧‧陳禹伶
印務統籌／劉鳳剛‧高榮祥
監　　印／高榮祥
排　　版／莊寶鈴
經 銷 商／叩應股份有限公司
郵撥帳號／18707239
法律顧問／圓神出版事業機構法律顧問　蕭雄淋律師
印　　刷／國碩印前科技股份有限公司
2019年12月　初版